工学结合·基于工作过程导向的项目化创新系列教材
国家示范性高等职业教育电子信息大类“十三五”规划教材

数据结构
（Java语言描述）

主　编　魏郧华　陈　娜　赵海波
副主编　顾家铭　付　沛　刘雯敏

華中科技大學出版社
http://www.hustp.com
中国·武汉

内 容 简 介

全书以 Java 为基础，将面向对象的思想融入数据结构设计和算法设计之中，通过精选基础理论内容、降低理论难度和抽象性、加强实践环节等措施来提高学生的面向对象程序设计理论知识水平和增强学生实践操作的能力，并力求以全国计算机等级考试大纲中对于数据结构与算法的考核知识点为基准，来组织和设计教材。同时，基于 Java 语言已经提供了诸如栈、队列、链表、字符串、数组、集合等内置数据结构的状况，并兼顾大数据技术、物联网技术等新专业方向对地理位置、图像、视频等数据处理的需要，本书强化了诸如串、矩阵、广义表、树和图等数据结构的设计和应用，从而为新兴的技术应用提供更多的支持。

本书以面向高等职业院校的学生为主，兼顾计算机等级考试者、计算机爱好者的需求，立足于把数据结构的基本概念和基本算法讲清楚，讲透彻。

为了方便教学，本书还配有电子课件等教学资源包，任课教师和学生可以登录“我们爱读书”网（www.ibook4us.com）注册并浏览，任课教师还可以发邮件至 hustpeiit@163.com 索取。

图书在版编目(CIP)数据

数据结构:Java 语言描述/魏郧华，陈娜，赵海波主编. —武汉：华中科技大学出版社，2019.9（2024.7 重印）
国家示范性高等职业教育电子信息大类“十三五”规划教材
ISBN 978-7-5680-5561-1

Ⅰ.①数…　Ⅱ.①魏…　②陈…　③赵…　Ⅲ.①数据结构-高等职业教育-教材　②JAVA 语言-程序设计-高等职业教育-教材　Ⅳ.①TP311.12　②TP312.8

中国版本图书馆 CIP 数据核字(2019)第 184624 号

数据结构(Java 语言描述)　　　　魏郧华　陈　娜　赵海波　主编
Shuju Jiegou(Java Yuyan Miaoshu)

策划编辑：康　序
责任编辑：康　序
封面设计：孢　子
责任监印：朱　玢
出版发行：华中科技大学出版社(中国·武汉)　　电话：(027)81321913
武汉市东湖新技术开发区华工科技园　　邮编：430223
录　　排：武汉三月禾文化传播有限公司
印　　刷：武汉开心印印刷有限公司
开　　本：787mm×1092mm　1/16
印　　张：12
字　　数：320 千字
版　　次：2024 年 7 月第 1 版第 4 次印刷
定　　价：38.00 元

前言

PREFACE

全书以Java为基础，将面向对象的思想融入数据结构设计和算法设计之中，通过精选基础理论内容、降低理论难度和抽象性、加强实践环节等措施来提高学生的面向对象程序设计理论知识水平和增强学生实践操作的能力，并力求以全国计算机等级考试大纲中对于数据结构与算法的考核知识点为基准，来组织和设计教材。同时，基于Java语言已经提供了诸如栈、队列、链表、字符串、数组、集合等内置数据结构的状况，并兼顾大数据技术、物联网技术等新专业方向对地理位置、图像、视频等数据处理的需要。本书强化了诸如串、矩阵、广义表、树和图等数据结构的设计和应用，从而为新兴的技术应用提供更多的支持。

本书的主要特点如下。

(1) 教学定位清楚。本书以面向高等职业院校的学生为主，兼顾计算机等级考试者、计算机爱好者的需求，立足于把数据结构的基本概念和基本算法讲清楚，讲透彻。

(2) 教学内容先进。全书以Java语言为工具，用面向对象的思想来描述各种数据结构的定义和相关操作算法的实现。

(3) 教学目标明确，知识结构完整。在教学内容安排方面强调既要方便教学，又要方便自学，因此针对数据结构的基本算法提供完整的Java源代码实现。

(4) 教学理念先进。坚持以应用为纲，避免了传统数据结构教材重理论轻实用的弊端，因此本书针对每种数据结构的讲解都特别突出对应数据结构的应用与教学做一体化设计，最后还配置了一个综合实训项目。

本书由武汉城市职业学院魏郧华、武汉软件工程职业学院陈娜、湖北科技职业学院赵海波担任主编，由武汉软件工程职业学院顾家铭、武汉城市职业学院付沛、武汉职业技术学院刘雯敏担任副主编。全书由魏郧华审核并统稿。

为了方便教学，本书还配有电子课件等教学资源包，任课教师和学生可以登录“我们爱读书”网(www.ibook4us.com)注册并浏览，任课教师还可以发邮件至hustpeiit@163.com索取。

由于本书在总体内容策划及实现方法方面做了一些新尝试，加之作者水平有限，时间仓促，因此书中难免有错误和遗漏之处，敬请读者和同行予以批评指正。

编　者

2019年6月

目录

CONTENTS

项目 1 导论

知识目标

(1) 了解数据结构的意义,以及数据结构在计算机领域的地位与作用。

(2) 掌握数据结构有关的概念,以及数据的逻辑结构和存储结构间的关系。

(3) 了解使用 Java 对数据结构进行抽象数据类型的表示和实现方法。

(4) 了解算法的五要素。

(5) 了解计算语句频度、估算算法时间复杂度的方法。

能力目标

(1) 培养学生理解理论概念的抽象思维能力。

(2) 培养学生实际动手调试 Java 程序能力。

计算机科学是一门研究信息的表示、组织和处理的科学,而信息的表示和组织直接关系到处理信息的效率。随着计算机产业的迅速发展和计算机应用领域的不断扩大,计算机应用已不仅仅限于早期的科学计算,而是更多地用于控制、管理和数据处理等方面,随之而来的是处理的数据量越来越大,数据类型越来越多,数据结构越来越复杂。因此,如要编制一个高效的处理程序,就需要解决如何合理地组织数据,建立合适的数据结构,设计好的算法,来提高程序执行的效率等问题。"数据结构"这门学科就是在这样的背景下逐步形成和发展起来的。

任务 1 课程的初步认识

在计算机的使用初期,它的主要应用领域是科学计算。当人们使用计算机来解决一个具体问题时,一般需要经过以下几个步骤:① 从具体问题中抽象出一个适当的数学模型;② 设计或选择一个求解此数学模型的算法;③ 编写程序,进行测试、调试,直至得到最终的解答。例如,求解梁架结构中的应力,其数学模型为线性方程组,可以使用迭代算法来求解线性方程组。

然而,随着计算机应用领域的不断扩大,许多具体问题已无法用数值及数学方程来加以描述了。这是一类非数值计算的问题,下面举例来进行说明。

例 1.1 人事信息检索问题。当我们要查找某公司员工的信息时，一般是给出该员工的编号或姓名，通过信息目录卡片和信息卡片来查得该员工的有关信息，但也有可能要查找某一种类别的员工信息。例如，查找该公司的员工中具有“高级程序员”技术职称的人员信息，或者是属于某一行政分组的人员信息等。若利用计算机来实现人事信息检索，则计算机所处理的对象便是这些信息目录卡片及员工信息卡片中的信息。因此，在计算机中必须建立并存储与此相关的三张表，一张是按员工编号排列的员工信息表，另外两张分别是按技术职称与行政分组顺序排列的索引表。在员工信息表中存放编号、姓名、职称、职务及爱好等信息。在职称索引表中存放职称与员工编号的对应信息，在组别索引表中存放行政分组与员工编号的对应信息，如图 1.1 所示。

系统分析员	1
高级程序员	2,5,6
程序员	3,4,7,8,9,10

(a) 职称索引表

第一组	5,2,3,4
第二组	6,7,8,9,10

(b) 组别索引表

图 1.1 人事信息检索系统中的数据结构

在人事信息检索问题中，上述这几张表便是数学模型，计算机的主要操作便是按指定的要求对这些表进行查找。在这一类属于文档管理的数学模型中，计算机的处理对象之间通常存在着一种简单的线性关系，其对应的数据结构可称为线性数据结构。

例 1.2 八皇后问题。八皇后问题是求解在某些约束条件下，棋盘的合法布局。在八皇后问题中，处理过程不是根据某种确定的计算法则，而是利用试探和回溯的探索技术求解。为了求得合法布局，在计算机中要存储布局的当前状态。从最初的布局状态开始，一步步的进行试探，每试探一步形成个新的状态，整个试探过程形成了一棵隐含的状态树，如图 1.2 所示(为了描述方便，我们将八皇后问题简化为四皇后问题)。回溯法求解的过程实质上就是个遍历这棵状态树的过程。在这个问题中所出现的“树”也是一种数据结构，它可以应用在许多非数值计算的问题中。

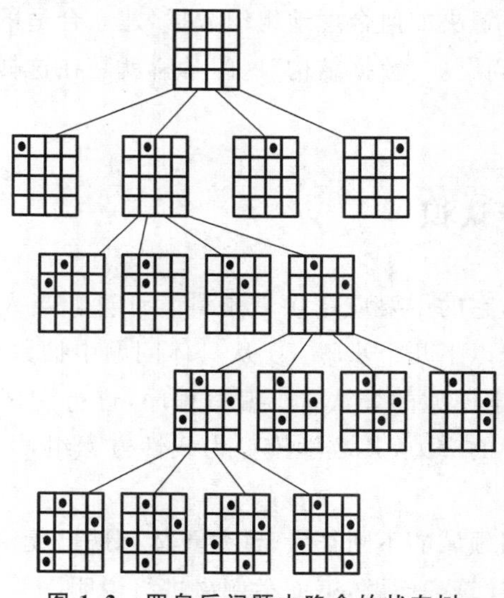

图 1.2 四皇后问题中隐含的状态树

例 1.3 交通咨询问题。交通咨询问题是求解两地间的最短路径或最少花费的问题。在交通咨询问题中，可以采用一种图的结构来表示实际的交通网络，图中的顶点表示城市，边表示城市间的交通联系，对边所赋予的权值表示两城市间的距离，或途中所需的时间，或交通费用等。考虑到交通图的有向性（如航运、逆水和顺水时的船速就不一样），图中的边可以用弧来表示，如图 1.3 所示。这个咨询系统可以回答旅客提出的各种问题，如从某地到另一地应如何走才最节省费用。在这个问题中，所使用的图 1.3 也是一种数据结构，它被用于解决这一类实际问题。

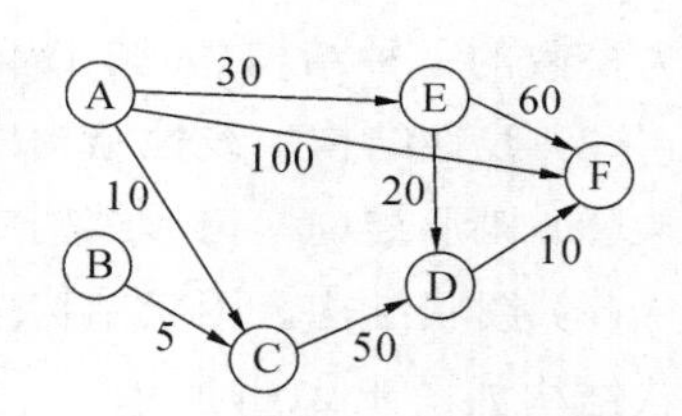

图 1.3 交通网例图

综合以上三个例子可知，描述这类非数值计算问题的数学模型不再是数学方程，而是诸如表、树、图之类的数据结构。因此，可以说数据结构课程主要研究非数值计算的程序设计问题中所出现的计算机操作对象以及它们之间的关系和操作。

任务 2 数据结构中常用的术语与概念

在系统地学习数据结构知识之前，我们先了解一些常用的术语与概念。

1. 基本术语

数据（data）是信息的载体，它能够被计算机识别、存储和加工处理。它是计算机程序加工的原料。例如，一个利用数值分析方法求解代数方程的程序所用的数据是整数和实数，而一个编译程序或文本编辑程序所使用的数据是字符串。随着计算机软、硬件技术的发展，以及其应用领域的扩大，数据的含义也随之拓宽。像多媒体技术中所涉及的视频和音频信号，经采集转换后都能形成被计算机所接受的数据。

数据元素（data element）是数据的基本单位。在不同的条件下，数据元素又可称为元素、结点、顶点、记录等。例如，在人事信息检索问题中，员工信息表的一个记录，在八皇后问题中状态树的一个状态，在交通咨询系统中交通网的一个顶点等。在数据元素是记录的情况下，一个数据元素也可由若干数据项（也称为字段、域）组成，数据项是具有独立含义的最小单位。

数据元素类（data element class）是具有相同性质的数据元素的集合。在某个具体问题中，数据元素都具有相同的性质（元素值不一定相等），属于同一数据元素类，数据元素是数据元素类的一个实例。例如，在交通咨询系统的交通网中，所有的顶点是一个数据元素类，顶点 A 和顶点 B 各自代表一个城市，是该数据元素类中的两个实例，其数据元素的值分别为 A 和 B。

2. 数据结构的概念

数据结构（data structure）是指互相之间存在着一种或多种关系的数据元素的集合。在任何问题中，数据元素之间都不会是孤立的，在它们之间都存在着这样或那样的关系，这种数据元素之间的关系称之为结构。根据数据元素间关系的不同特性，通常有下列四类基本结构。

（1）集合。在集合结构中，数据元素向的关系是“属于同一个集合”，集合是元素关系是极为松散的一种结构,如图 1.4(a)所示。

(2) 线性结构。线性结构中的数据元素之间存在一个对一个的关系,如图 1.4(b)所示。

(3) 树形结构。树形结构中的数据元素之间存在一个对多个的关系,如图 1.4(c)所示。

(4) 图状结构。图状结构中的数据元素之间存在多个对多个的关系。图状结构也称为网状结构如图 1.4(d)所示。

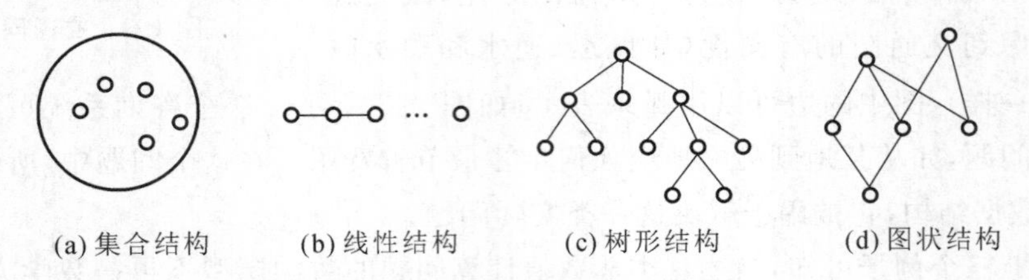

图 1.4 四类基本结构的关系图

3. 逻辑结构与物理结构

数据结构包括数据的逻辑结构和数据的物理结构。数据的逻辑结构可以看成是从具体问题中抽象出来的数学模型,它与数据的存储无关。我们研究数据结构的目的是为了在计算机中实现对它的操作,为此还需要研究如何在计算机中来表示一个数据结构。数据结构在计算机中的表示(又称为映像)称为数据的物理结构,或称存储结构。它所研究的是数据结构在计算机中的实现方法,包括数据结构中元素的表示及元素间关系的表示。

数据的存储结构可采用顺序存储结构或链式存储结构。

顺序存储方法是把逻辑上相邻的元素存储在物理位置相邻的存储单元中,元素间的逻辑关系由存储单元的相邻关系来体现。由此得到的存储结构称为顺序存储结构,顺序存储结构通常是借助于程序语言中的数组来实现的。

链式存储方法对逻辑上相邻的元素不要求其物理位置相邻,元素间的逻辑关系通过附设的指针字段来表示。由此得到的存储结构称为链式存储结构,链式存储结构通常是借助于程序语言中的指针类型来实现的。

除了通常采用的顺序存储结构和链式存储结构外,有时为了查找的方便还采用索引存储结构和散列存储结构。

4. 数据结构形式的定义

从上面所介绍的数据结构的概念中我们可以知道,一个数据结构有两个要素,一个是元素的集合,另一个是关系的集合。因此在形式上,数据结构通常可以用一个二元组来表示,即:

```
Data Structure=(D,R)
```

其中:D 是数据元素的有限集;R 是 D 上关系的有限集。

例如,在上一节中所介绍的人事信息检索问题中,数据元素集合主要是员工信息表中的所有记录,而元素间关系的集合则可以从不同的视角去建立。我们可以按员工的编号来建立元素间的线性关系,从而形成线性的数据结构;可以按员工的行政分组来建立元素间的层次关系,从而形成树形的数据结构;可以按员工的爱好来建立元素间的网状关系,从而形成图状的数据结构,如图 1.5 所示。

如果我们使用二元组来表示上述线性结构,则可表示为:

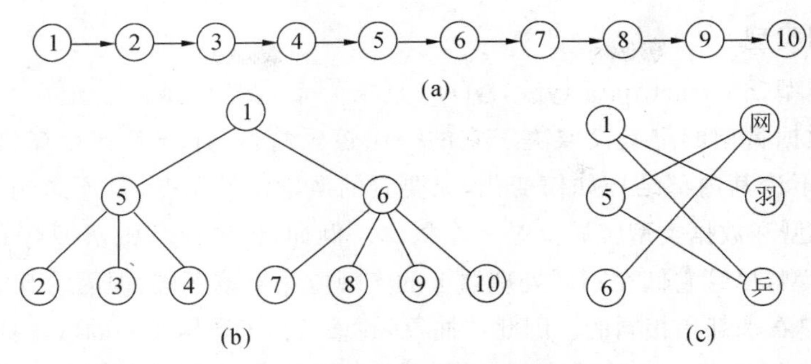

图 1.5　员工信息表中的数据结构

```
Lincar-List=(D,R)
```

其中：

```
D=01,02,03,04,05,06,07,08,09,10//用编号的后两位表示
R={<01,02>,<02,03>,…,<09,10>}
```

树形结构则可表示为：

```
Tree=(D,R)
```

其中：

```
D {01,02,03,04,05,06,07,08,09,10}
R={<01,05>,<01,06>,<05,02>,…,<06,10>}
```

图状结构则可表示为：

```
Graph=(D,R)
```

其中：

```
D={01,02,03,04,05,06,07,08,09,10,网,羽,乒}
R={<01,羽>,<01,5>,<05,网>,<05,5>,<06,网>}
```

任务 3　数据类型及面向对象的概念

1. 数据类型概述

数据类型(data type)是与数据结构密切相关的一个概念，它最早出现在高级程序语言中，用于刻画程序中操作对象的特性。在用高级语言编写的程序中，每个变量、常量或表达式都有一个它所属的确定的数据类型。数据类型明显或隐含地规定了在程序执行期间变量或表达式所有可能的取值范围，以及在这些值上允许进行的操作。因此，数据类型是一个值的集合和定义在这个值集上的一组操作的总称。例如：Pascal 语言中的整数类型，其取值范围为[－maxint，maxint]内的整数(其中，maxint 是依赖于所使用的计算机和语言的最大整数)，定义在其上的一组操作为加、减、乘、整除及取模运算等。

在高级程序语言中，数据类型可分为两类：一类是原子类型，另一类是结构类型。原子类型的值是不可分解的，如 PASCAL 语言中的整型、实型等基本类型，而结构类型的值是由若干成分按某种结构组成的，因此是可以分解的，并且它的成分可以是非结构的也可以是结构的。例如，数组的值由若干分量组成，每个分量可以是整数，也可以是数组等。从某种意义上来说，数据结构可以看成是“一组具有相同结构的值”，而数据类型则可看成是由一种数据结构和定义在其上的一组操作所组成。

2. 抽象数据类型

抽象数据类型(abstract data type,ADT)是指一个数学模型以及定义在该模型上的一组操作。抽象数据类型的定义仅取决于它的一组逻辑特性,而与其在计算机内部如何表示和实现无关,即不论其内部结构如何变化,只要它的数学特性不变,都不影响其外部的使用。

抽象数据类型和数据类型实质上是一个概念。例如,各种计算机都拥有的整数类型就是一个抽象数据类型,尽管它们在不同处理器上的实现方法可以不同,但因为其定义的数学特性相同,所以在用户看来都是相同的。因此,"抽象"的意义在于数据类型的数学抽象特性。

另外,抽象数据类型的范畴更广,它不再局限于前述各处理器中已定义并实现的数据类型,还包括用户在设计软件系统时自己定义的数据类型。为了提高软件的重用率,在程序设计方法学中要求在构成软件系统的每个相对独立的模块上,定义一组数据和施于这些数据之上的一组操作,并在模块的内部给出这些数据的表示及其操作的细节,而在模块的外部使用的只是抽象的数据及抽象的操作。这也就是面向对象的程序设计方法。

抽象数据类型的定义可以由一种数据结构和定义在其上的一组操作组成,而数据结构又包括数据元素及元素间的关系,因此抽象数据类型一般可以由元素、关系及操作三种要素来进行定义。在本书中,对每种数据类型都给出它的 ADT 定义为。例如,栈的 ADT 定义为:

元素　属于同一个数据元素类。

关系　数据元素间呈线性关系。

操作　Push(S,X)进栈操作,Pop(S)出栈操作等。

对于一个数据结构完全相同的数据类型,如果使它赋予不同的操作,则可形成不同的抽象数据类型。例如,将在项目 3 和项目 4 中介绍的栈和队列,它们可能都是相同的顺序表结构,但由于其操作不同,栈是先进后出,队列是先进先出,因而是属于两种不同的抽象数据类型。

抽象数据类型的特征是使用与实现相分离,进行数据类型设计时,将类型的定义与其实现分离开来,实行封装和信息隐蔽。也就是说,在抽象数据类型设计时,把类型的定义与其实现分离开来。

3. 实现方法

ADT 定义为数据类型建立了一个数学模型,其中包括数据结构及其相应的一组操作,而计算机上的具体实现则需借助于高级程序语言。在具体实现时可选择面向过程与面向对象两种不同的方法。

面向过程的方法者眼于系统要实现的功能。从系统的输入和输出出发,分析系统要做哪些事情,进而考虑如何做这些事情,自上向下地对系统的功能进行分解,来建立系统的功能结构和相应的程序模块结构。但是,当程序因某种原因需要修改时,常常涉及许多模块,有时因功能的改变而导致全部模块都要变更,这样的修改工作量极大且容易产生新的错误。

面向对象的方法着眼于应用问题中所涉及的对象,识别为解决问题所需的各种对象、对象的属性及相应的操作,从而建立起对象的类结构。通过对类的实体实施相应的操作以及各实体间的消息传递来实现系统的功能。类的定义充分体现了抽象数据类型的思想,基于类的体系结构可以把程序的修改局部化。当类中数据的存储方式及操作的实现过程需要修改时,不会影响外界对该类实体的操作,从而使整个系统保持稳定。因此,用面向对象开发方法建立起来的软件易于修改，与传统的方法相比，程序具有更好的可靠性、适用性、可修改性、可维护性、可复用性和可理解性。

下面我们就结合栈的演示程序的实现过程来比较这两种方法。虽然有关栈的内容我们还没有做过介绍，但从下面的比较中就可以大致领略到这两种程序设计方法的不同风格及各自的特点。

栈的特点是先进后出。这就像我们在生活中洗盘子一样，总是把洗好的盘子逐个放在其他已洗好的盘子的上面，而在使用盘子的时候，总是从上往下逐个取出。一叠盘子相当于一个栈，放盘子的动作相当于进栈，取盘子的动作相当于出栈。如果要我们编制一个教学演示程序，模拟对栈进行入栈、出栈等操作的执行过程，则可以采用以下两种方法。

1）面向过程的方法

这是比较传统的方法，在这种方法中，可使用类型定义来描述其存储结构，并可借助于函数与过程描述其相应的操作。但在这二者之间并没有建立必然的联系。以下是使用 C 语言编写的程序代码，在程序中用一个字符表示栈中的一个元素，输入一个字符，若为“P”则表示执行出栈操作，若为“E”则表示退出执行，否则将该字符推入栈中。程序从开始起顺序地执行直至输入字符“E”。

```
Node * top;
char ch;
void push(char ch);
…
char pop();
…
   top=NULL;
ch='a';
   while (ch!='E')
  { 输入一个字符存入 ch;
   对 ch 进行判别并进行相应的处理;
   输出栈中的当前元素 };
```

2）面向对象的方法

在面向对象的程序设计语言中，相关的数据及操作被统一在一个整体——对象之中。我们可以先将栈定义成类并创建一个栈对象，然后通过对该对象执行相应的操作来实现演示程序的功能。以下是 Java 语言编写的链栈的类定义代码。

```
class Node{
char data;
Node next;
};
class LinkStack{
    private Node top;
    public LinkStack() {top null;};
    public void print(){… }
    public char pop(){… }
    public void push (char el){… }
   };
```

由此创建一个链栈对象 lz1，然后通过对该对象执行相应的操作来实现演示程序的功能。例如，先将字符元素"a""b"推入栈中，然后再显示这个栈，可执行下述代码。

```
LinkStack lz1= new LinkStack();
lz1.push('a');lz1.push('b');lz1.print();
```

上述代码段不仅比较简洁，容易理解，而且也不会随类中实现细节的改变而改变。

面向对象实现方法充分体现了抽象数据类型的思想，可以将数据类型的 ADT 定义用一个类定义来表示。使用面向对象的实现方法来实现抽象数据类型比较贴近实际，也比较自然。

4. 面向对象的概念

下面介绍面向对象实现方法中的有关概念。

1) 对象

对象是指在应用问题中所出现的各种实体、事件和规格说明等，它是由一组属性值和在这组值上的一组操作(方法)构成的。其中，属性值确定了对象的状态。例如，在程序中常用的字符串、线性表、栈、队列等或在 Windows 应用程序中常见的窗体、组合框、编辑框、无线按钮等。对于一个编辑框对象，其 Top，Left 属性确定了其在窗体中的位置，其 Text 属性确定了显示在该编辑框中的字符串，可以用 GeTextLcn 方法来求得该字符串的长度，可用 Clean 方法来清除这个字符串。

2) 类和实例

对象在语言中是用类来定义的，类中定义了与某一种对象相关联的一组数据以及施与该数据中的一组基本操作。对象是数据与方法操作的统一体，在面向对象的程序设计中，如果某一个变量被定义成属于某一个类，那么该变量即可成为这种对象中的一个实例。因此对象与实例这两个概念在程序设计中可对应于类与变量。对象、类是抽象的概念，实例、变量代表具体的事物。例如，在一个窗体中可以设置多个编辑框，尽管其位置及外观都不相同，但它们都是属于编辑框组件(类)所派生的对象实体。

3) 数据封装(信息隐蔽)

数据封装是指在面向对象的程序设计中，对象的实现过程(包括数据的存储方式、操作的执行过程等)作为私有部分被封装在类结构中，使用者不能看到，也不能直接操作该类型所存储的数据，而只能根据对象提供的外部接口来访问或操作这些数据。数据封装无论是对于使用者还是实现者都是相当有利的。从使用者的角度来看，只要了解类定义的接口部分，即可操作对象实例，而不必去关心其实现细节。这就好比我们使用手表，只要按操作说明使用它，而不必了解手表的内部结构。这样使用者在开发过程中就可以集中精力去解决应用中所出现的问题，使问题得到简化，而且程序设计的表达方式也更加简洁、直观。从实现者的角度来看，数据封装也有利于编码、测试及修改。因为只有类中的成员函数才能访问它的私有成员，这样做可以使错误局部化，一旦出现错误或者有必要改变数据的存储方式或改变内部的处理过程时，也不至于影响其他模块。只要向外界提供的接口方式不变，其他所有该对象的程序都可以不变，从而大大提高了程序的可靠性和稳定性。

在传统的面向过程的方法中，虽然也提供过程与函数的调用接口，但并没有将对象作为程序的基本构件，将一组相关的数据及操作集中在一起，在数据与操作之间缺乏明确的关系，这就不能达到数据封装的目的。

4) 继承与派生

继承机制是面向对象方法中的一个最有特色的方面。在面向对象的方法中,类与类之间存在着继承关系,这种继承关系与客观世界中存在的一般与特殊的关系类似。例如,在Windows的界面设计中,可将窗体分为一般窗体和对话框,而对话框又可分为打开对话框、确认对话框等,这些窗体都有窗体的共同特征,但不同的窗体又有各自的不同特征。我们可以将窗体定义成基类,然后建立它的派生类,如对话框、打开对话框等。将各派生类中的共同部分集中到基类中去,派生类中只保留自己特有的属性和方法,派生类的各对象独享该派生类的属性和方法,同时还能共享基类中共有的属性和方法,这样做的好处是可以合理地将各个对象的属性和方法分配到相应的类中,减少数据存储与程序代码的重复。

如上所述,所谓继承,是指从已定义的类中导出新类时,新类将自动包括原有类中相应的数据和方法,这种导出新类的过程称为派生。

继承是一个传递的过程,从而构成了类的层次体系。除最上层的类以外每个类都有一个父类(或称基类或超类),除最下层的类以外每个类都有一些子类(或称派生类或扩展类),派生类既具有从它的基类那里继承来的数据和操作,又可以扩充自己特有的数据和操作。这样,越是后面的类所包括的数据及方法就越丰富。

有了类的层次结构和继承性,不同对象的共同性质只需定义一次,这符合软件重用的目标。它为我们带来的最大好处是能够充分利用前人的成果。大量经过验证的类以层次的结构存放在类库中,用户可以根据需要加以继承,从而改变了程序设计中一切从零开始的弊端。

任务 4 算法

算法与数据结构的关系紧密,在算法设计时先要确定相应的数据结构,而在讨论某一种数据结构时也必然会涉及相应的算法。本书中,在介绍各种数据结构的同时,也介绍了在这些数据结构上的操作及相应的算法。下面就从算法特性、算法描述、算法的设计要求及算法分析四个方面来对算法进行简要分析。

1. 算法特性

算法是对特定问题求解步骤的一种描述,它是指令的有限序列,其中每一条指令表示一个或多个操作。一个算法应该具有下列几种特性。

(1) 有穷性。一个算法必须在执行有穷步之后结束,即必须在有限时间内完成。

(2) 确定性。算法的每一步必须有确切的定义,无二义性。算法的执行对应相同的输入仅有唯一的一条路径。

(3) 可行性。算法中的每一步都可以通过已经实现的基本运算的有限次执行得以实现。

(4) 输入。一个算法具有零个或多个输入,这些输入取自特定的数据对象集合。

(5) 输出。一个算法具有一个或多个输出,这些输出同输入之间存在某种特定的关系。

算法的含义与程序十分相似,但又有区别。一个程序不一定满足有穷性。例如,操作系统,只要整个系统不遭破坏,它将永远不会停止,即使没有作业需要处理,它仍处于动态等待中,因此操作系统不是一个算法。另外,程序中的指令必须是机器可执行的,而算法中的指令则无此限制。算法代表了对问题的解,而程序则是算法在计算机上的特定实现。一个算法若用程序设计语言来描述，则它就是一个程序。

在计算机科学的研究中，算法与数据结构是相辅相成的。解决某一特定类型问题的算法可以选定不同的数据结构，而且选择恰当与否直接影响算法的效率。反之，一种数据结构的优劣要由各种算法的执行来体现。因此有人称“算法＋数据结构＝程序”。

2. 算法描述

算法的描述可以使用各种不同的方法。

最简单的方法是使用人们通常使用的自然语言。用自然语言来描述算法的优点是简单且便于人们对算法的阅读与理解，也不需要使用注释。

其次是使用流程图、N-S 图等用于算法描述的工具，其特点是描述过程简洁明了。用以上两种方法描述的算法不可以直接在计算机中执行，若要将它转换成可执行的程序还有一个编程的问题。

还可以直接用某种高级程序设计语言来描述算法。不过直接使用高级语言来描述并不容易，而且不太直观，常常需要借助于注释才能使人看明白。

为了解决理解与执行这两者之间的矛盾，人们常常使用一种称为伪代码语言的描述方法来进行算法描述，伪代码语言介于二者之间：它忽略高级语言中一些严格的语法规则与描述细节，因此它比程序语言更容易描述与被人理解，而比自然语言更接近程序语言。它虽然不能直接执行，但很容易被转换成高级语言。例如，在许多书中所使用的类 Pascal 语言或类 C 语言等都是属于这一种伪代码语言。

本书侧重于编程能力与综合应用能力的培养，故本书选择了可直接执行的 Java 语言来描述算法。

3. 算法的设计要求

一个好的算法通常要达到以下目标。

(1) 正确。算法应当满足具体问题的需求。正确性是设计和评价一个算法的首要条件。如果一个算法不正确，其他方面就无从谈起。一个正确的算法是指在合法的数据输入下，能在有限的运行时间内得出正确的结果。选用或设计的算法首先应该保证它是正确的。

(2) 可读。算法最主要的目的是为了阅读与交流，并将它转换成可实现的程序在计算机中执行。可读性好不仅有助于人们对算法的理解，而且也有利于程序的调试与修改。在保证算法正确的前提下，应强调算法的可读性。

(3) 健壮。健壮性是指算法对各种可能的情形都考虑得非常完善。当输入数据非法时，算法也能适当地做出反应或进行处理，而不会发生异常或输出莫名其妙的结果。例如，当输入三角形的三条边长时，若两边之和小于第三条边，则算法执行中应输出相应的通告信息而不是发生异常。

(4) 高效。高效性是指算法的执行效率高。算法的效率包括时间效率与空间效率两个方面。时间效率是指算法的执行所需要的时间，而空间效率是指执行该算法所需的存储量。对应同一个问题和同一种问题规模，若采用不同的算法进行处理，其执行的效率就可能不同。对于一种算法来说，如果其执行所花的时间越短，且所需的存储量越小，则其效率就越高。

虽然我们希望采用占用存储空间小、执行时间短，其他性能也好的算法，但实际中却很难做到，因为在许多情况下各种因素是互相制约的。例如，若要求算法的可读性好，则其执行效率就不一定理想；若要求算法的执行时间短，则所需的存储量就可能比较大，这种场合是以空间为代价来换取时间的；若要求算法使用的存储量较小，则执行时间就可能较长，这种场合是以时间为代价来换取空间的。在这些情况下，要如何种选择则应根据具体的情况有所侧重，若程序使用的次数较少，则应侧重于算法的可读性，力求算法简明易懂；对于反复多次使用的程序，则应侧重于算法的执行效率，力求算法快速执行；若程序的数据量很大，而所提供的存储空间较小，则相应的算法应主要考虑如何节省存储空间。但在一般情况下，在可读性与效率之间应侧重于可读性，在时间与空间效率之间应侧重于时间效率。

4. 算法分析

我们可以用一个算法的时间复杂度与空间复杂度来评价该算法的优劣。

当我们将一个算法转换成程序并在计算机上执行时，其运行所需的时间取决于下列因素。

（1）硬件的速度。

（2）书写程序的语言。语言的级别越高，其执行效率就越低。

（3）编译程序所生成程序的质量。代码优化较好的编译程序所生成的程序质量较高。

（4）问题的规模。例如，求 100 以内的素数与求 1000 以内的素数其执行时间必然是不同的。

显然，在各种因素都不确定的情况下，是很难比较算法的执行时间的，也就是说，使用执行算法的绝对时间来衡量算法的效率是不合适的。为此，我们可以将上述各种与计算机有关的软、硬件因素都确定下来。这样，一个特定算法的运行工作量的大小就只依赖于问题的规模（通常用正整数 n 表示），或者说它是问题规模的函数。

一个算法是由控制结构和原操作构成的，其执行时间取决于二者的综合效果。为了便于比较同一问题的不同的算法，通常的做法是：从算法中选取一种对于所研究的问题来说是基本运算的原操作（基本语句），以该原操作重复执行的次数作为算法的时间度量。一般情况下，算法中原操作重复执行的次数是问题规模 n 的某个函数，算法的时间度量记为：

$$T(n)=O(f(n))$$

该式表示算法中原操作的执行次数与问题规模 n 的某个函数同阶。显然，算法中原操作应该是其重复执行的次数与算法的执行时间成正比的原操作，在多数情况下它是最内层循环语句中的原操作，它的执行次数与包含它的语句的频度相同。语句的频度指的是该语句重复执行的次数。例如在下面的三个程序段中：

① x＝x＋1；

② for(i＝1;i＜＝n;i＋＋)x＝x＋1；

③ for (i＝1; i＜＝n;i＋＋)

　　for(j＝1;j＜＝n;j＋＋)x＝x＋1；

含基本操作“x 增 1”的语句 x＝x＋1 的执行频度分别为 1、n、n^2，则这三个程序段的时间复杂度分别为 $O(1)$、$O(n)$、$O(n^2)$，分别称为常数阶、线性阶、平方阶。

例 1.4　n 阶矩阵相乘运算算法的时间复杂度。

下面的程序代码实现两个 n 阶矩阵相乘运算的算法，求该算法的时间复杂度，设数组 a、b 均已赋值。

```
for(i=1;i<=n;i++)
   for(j=1;j<=n;j++)
```

```
{   s=0;  //基本语句(1)
    for(k=1;k<=n;k++) s=s+a[i][k] * b[k][j];  //基本语句(2)
    c[j][i]=s;  //基本语句(3)
};
```

在通常情况下,算法的时间复杂度是指基本语句重复执行的次数,即频度。在上述算法中基本语句的频度分别是:基本语句(1)为 n^2,基本语句(2)为 n^3,基本语句(3)为 n^2。该算法的时间复杂度为所有语句的频度之和,即 $T(n)=n^2+n^3+n^2=O(n^3)$。因此,该算法时间复杂度为 $O(n^3)$,称之为立方阶。

空间复杂度是指程序在计算机内存所占的空间大小,是一种以估算的方法来衡量所需要的内存空间。而这些所需要的内存空间,可分为"固定空间内存"(包括基本程序代码、常数、变量等)与"变动空间内存"(随程序运行时而改变大小的使用空间,如引用类型变量)。由于计算机硬件发展的日新月异及程序设计时所使用计算机的不同,所以纯粹从程序(或算法)的效率来看,应该以算法的运行时间为主要评估与分析的依据。

习题1

一、填空题

1. 数据的物理结构包括________的表示和存储以及________的表示和存储。

2. 对于给定的 n 个元素,可以构造出的逻辑结构有________、________、________、________四种。

3. 一个算法具有 5 个特性:________、________、________、有零个或多个输入、有一个或多个输出。

4. 数据结构主要包括数据的________、数据的________和数据的________这三个方面的内容。

5. 一个算法的效率可分为________效率和________效率。

二、选择题

1. 线性结构是数据元素之间存在的一种(　　)。

A. 一对多关系　　B. 多对多关系　　C. 多对一关系　　D. 一对一关系

2. 数据结构中,与所使用的计算机无关的是数据的(　　)结构。

A. 存储　　B. 物理　　C. 逻辑　　D. 物理和存储

3. 算法分析的目的是(　　)。

A. 找出数据结构的合理性　　B. 研究算法中的输入和输出的关系

C. 分析算法的效率以求改进　　D. 分析算法的可读性和文档性

4. 算法分析的两个主要方面是(　　)。

A 空间复杂性和时间复杂性　　B. 正确性和简明性

C. 可读性和文档性　　D. 数据复杂性和程序复杂性

5. 计算机算法指的是(　　)。

A 计算方法　　B. 排序方法

C. 解决问题的有限运算序列　　D. 调度方法

6. 从逻辑上可以把数据结构分为(　　)。

A 动态结构和静态结构

B. 紧凑结构和非紧凑结构

C. 线性结构和非线性结构

D. 内部结构和外部结构

三、计算题

1. 计算机执行下面的语句时，语句 s 的执行次数为________。

```
for(i=1; i<n-1; i++)
    for (j=n;j>=i;j--)
      s;
```

2. 在有 n 个选手参加的单循环赛中，总共将进行________场比赛。

3. 试给出下面两个算法的时间复杂度。

```
(1) for(i=1; i<=n; i++)
      x=x+1;
(2) for(i=1; i<=n; i++)
     for(j=1; j<=n; j++)
       x=x+1;
```

项目2 线性表

知识目标

(1) 掌握线性表的逻辑结构及两种不同的存储结构。

(2) 掌握线性表在顺序存储结构及链式存储结构上实现基本操作(如查找、插入、删除等)的算法及分析。

(3) 能够针对具体应用问题的要求与性质,选择合适的存储结构设计出有效算法,解决与线性表相关的实际问题。

能力目标

(1) 培养学生运用所学理论解决实际问题的能力。

(2) 培养学生实际动手调试 Java 程序能力。

本项目首先学习线性结构。这种数据结构的元素之间呈一对一的关系,即线性关系。有关线性结构的实例在日常生活中非常常见,如在公交车站或候车室检票口等候上车的乘客队列,电话号码簿中依次排列的单位名称或住宅用户及对应的电话号码序列等。这类例子的共同特点是:结构中存在一个唯一的头成员,其前面没有其他成员;存在一个唯一的尾成员,其后面没有其他成员;而中间的所有成员,其前面只存在一个唯一的成员与之直接相邻,其后面也只存在一个唯一的成员与之直接相邻。

由此可见,线性结构的特点是,在数据元素的非空有限集中:① 存在唯一的一个被称为"第二个"的数据元素;② 存在唯一的一个被称为"最后一个"的数据元素;③ 除第一个数据元素之外,集合中的每个数据元素均只有一个前驱;④ 除最后一个数据元素之外,集合中每个数据元素均只有一个后继。

任务1 线性表的相关概念及抽象数据类型

任务导入

线性表任务实例 对线性表抽象数据类型定义 List 接口。在接口中不考虑数据的存储方式,对于 ADT List 中的每一个操作:清空 clear()、取元素 gete()、求长度 leng()、查找定位 loct()、插入 inst()、删除 dele()、判表满 full()、判空表 empt(),在接口中定义成一个接口函数。

代码

```
public interface List {
public void clear();
public Object gete(int i);
public int leng();
    public int loct(Object el);
public boolean inst(int loc,Object el);
public Object dele(int loc);
public boolean full();
public boolean empt();
}
```

知识点

1. 线性表的基本概念

在计算机应用中，线性表是一种常见的数据结构类型。例如，在文件、内存、数据库等管理系统中经常需要对属于线性表的数据结构类型进行处理。

如表2.1所示的是一个有关学生情况的信息表，表中每条记录对应于一个学生的情况，它由学号、姓名、性别、年龄及籍贯等信息组成。

表2.1　学生信息表

学号	姓名	性别	年龄	籍贯	…
970001	李明	男	21	北京	…
970002	王磊	男	22	武汉	…
970003	刘静	女	21	长沙	…
…	…	…	…	…	…

在这个实例中我们可以看到，文件中的记录一个接着一个，它们之间存在着一种前后关系。为了研究这种数据结构中元素间的关系，我们可以忽略记录中的具体内容，而只将它看成结构中的一个元素。从数据结构的观点来看，可以将这个实例中的整个信息文件看成一个线性表，而文件中的每一个记录可看成线性表中的一个数据元素。

一般情况下，一个线性表是由 n 个元素组成的有限序列，可记为：

$$L=(a_1,a_2,\cdots,a_{i-1},a_i,a_{i+1},\cdots,a_n)$$

其中，每个 a_i 都是线性表 L 的数据元素。数据元素可以是各种各样的，例如，它可以是一个数，一个符号或一条记录等，但同一线性表中的元素必须属于同一种数据元素类。

线性表的结构是通过数据元素之间的相邻关系来体现的。在线性表 L 中，元素 a_{i-1} 与 a_i 相邻并位于 a_i 之前，称为 a_i 的直接前驱，而 a_{i+1} 与 a_i 相邻并位于 a_i 之后，称为 a_i 的直接后继。元素 a_1 称为 L 的最先元素，除了最先元素外，L 中的其他元素都有且仅有一个直接前驱；元素 a_n 称为 L 的最后元素，除了最后元素外，L 中的其他元素都有且仅有一个直接后继。元素 a_i 是第 i 个数据元素，称 i 为数据元素 a 在线性表中的位序。线性表中的元素个

数 n 称为线性表的长度,长度为 0 的线性表称为空表。

综上所述,线性表是由具有相同特性的 n 个元素所组成的有限序列,相邻元素之间存在着序偶关系。线性表的数据结构相当灵活,它的长度可根据需要增长或缩短,即对线性表的数据元素不仅可以访问,还可以进行插入和删除等操作。

2. 线性表抽象数据类型描述

抽象数据类型的定义仅取决于它的一组逻辑特性,而与其在计算机内部如何表示和实现无关。一种数据类型的 ADT 定义可以由数据元素、结构关系及基本操作三部分组成。线性表的抽象数据类型可描述如下。

(1) 数据元素:a_i 同属于一个数据元素类,$i=1,2,\cdots,n(n\geqslant 0)$。

(2) 结构关系:对所有的数据元素 $a_i(i=1,2,\cdots,n-1)$ 存在次序关系 $\langle a_i, a_{i+1}\rangle$,$a_1$ 无前驱,a_n 无后继。

(3) 基本操作:对线性表可执行以下基本操作。

- initiate(L) 初始化操作。构造一个空的线性表 L。
- length(L) 求长度函数。函数值为给定线性表 L 中数据元素的个数。
- empty(L) 判空表函数。若 L 为空表,则返回布尔值 true; 否则返回布尔值 false。
- full(L) 判表满函数。若 L 表满,则返回布尔值 true; 否则返回布尔值 false。
- clear(L) 清空操作。操作的结果使 L 成为空表。
- get(L,i) 取元素函数。若 $1\leqslant i\leqslant$length(L),则函数值为给定线性表 L 中第 i 个数据元素;否则为空元素 null。称 i 为该数据元素在线性表中的位序。
- locate(L,x) 定位出数。若线性表 L 中存在其值与 x 相等的数据元素,则函数值为该数据元素在线性表中的位序,否则函数值为 0。若线性表中与 x 相等的数据元素不止一个,则函数值为这些元素在线性表中位序的最小值。
- prior(L,elem) 求前驱函数。已知 elem 为线性表 L 中的一个数据元素,若它的位序大于 1,则函数值为 elem 的前驱,否则为空元素。
- next(L. elem) 求后继函数。已知 elem 为线性表 L 中的一个数据元素,若它的位序小于 length(L),则函数值为 elem 的后继,否则为空元素。
- isert(L,i,b) 插入操作(前插)。在线性表 L 的第 i 号元素之前插入一个新元素 b。此操作仅在 $1\leqslant i\leqslant$length(L)+1 时才可行。
- delete(L,i) 删除操作。若 $1\leqslant i\leqslant$length(L)),则删除线性表 L 中的第 i 号元素否则此操作无意义。

对线性表还可进行一些更复杂的操作。例如,将两个或两个以上的线性表合并成一个线性表;把一个线性表拆成两个或两个以上的线性表;复制一个线性表; 对线性表中的元素进行逆置或排序等。

3. 线性表的接口定义

在考虑抽象数据类型的具体实现时,可以结合某种具体的存储方式将线性表的 ADT 定义转化为面向对象程序设计中的类定义。在进行类的定义时,因线性表中所涉及的数据可采用不同的存储方式,因而其操作的实现过程也就不同。按数据存储方式的不同可以生成各种不同的类定义,如顺序表的类定义、单链表的类定义等。

但这种直接将抽象数据类型定义成类的实现方法存在一定的问题。由于实现方式的不同，一种抽象的数据类型可以定义多种类型。在一些应用程序中如果选定了其中的一种，则当改用其他类型时就会遇到麻烦。在本书中我们采用的是另一种方案。

对于一种抽象的数据类型，先将它定义成一个接口，然后再结合某种具体的存储方式加以实现。不同的存储方式可以定义不同的实现类，但不管是哪一种实现类，都具有统一的使用接口，都可以通过它们的共同接口来引用不同的实现类的对象。

与前一种方案相比，采用这种方案的程序具有更好的可靠性、可维护性、可复用性和可理解性。

对线性表抽象数据类型定义 List 接口。在接口中不考虑数据的存储方式，对于 ADT List 中的每一个操作，都在接口中定义成一个接口函数。由于这些函数都是类中的成员函数，因此操作中没有必要设置表示线性表的参数 L，但须按各种操作的功能确定函数的返回类型。方法重载是一种静态多态，有时也称为编译时绑定。编译器习惯上将重载的这些方法确认为不同的方法，因此它们可以存在于同一作用域内。调用时，根据不同的方法调用格式自动判断、定位到相应的方法定义地址。使用方法重载，会使程序功能更清晰、易理解，并使得调用形式简单。

本书在线性表抽象类中仅定义以下 8 种最基本的操作：① 初始化；② 求长度；③ 返回第 i 个元素；④ 查找，若找到则返回元素的序号，否则返回 0；⑤ 将 el 插入在 loc 位置中；⑥ 删除 loc 位置中的数据元素；⑦ 判断线性表是否为满；⑧ 判断线性表是否为空。

在接口的具体实现时必须首先确定数据的存储方式，按数据存储方式的不同可以定义不同的实现类。例如，对于线性表有顺序表、单链表、双向循环链表等实现类。本项目的主要内容就是按不同的实现类讨论线性表的存储方式及在确定的存储方式下各种操作的实现。

任务2 顺序表

任务导入

顺序表任务实例 设计一个函数，其功能为对顺序表中的所有元素进行逆置，同时编制一个主程序，对该函数的功能进行测试。

设计思想 将该函数设置成 SqList 类中的成员函数。由于其为类中的成员函数，执行操作的对象是当前对象，因此该函数无须设置参数。另外该函数也无须设置返回值，因此其形式可设置如下。

```
void inver();
```

处理过程 将整个元素序列分为前后两个部分，然后将这两个部分中所有对应的元素进行交换。

代码一：List.java

```
public interface List {
public void clear();
```

```
public Object gete(int i);
public int leng();
public int loct (Object el);
public boolean inst (int loc,Object el);
public Object dele(int loc);
public boolean full();
public boolean empt();
}
```

代码二： SqList. java

```
class SqList implements List{
final int deflen=10;
Object[] elem;
int curlen;
int maxlen;
public SqList(){
  curlen=0;maxlen=deflen;
  elem=new Object[maxlen];
    }
public SqList(int maxsz){
curlen=0;maxlen=maxsz;
elem=new Object[maxlen];
}
public SqList(Object[]a,int maxsz){
int n=a.length;
curlen=n;
maxlen=(maxsz>n)? maxsz:n;
elem=new Object[maxlen];
for(int i=0;i<n;i++)elem[i]=a[i];
}
public SqList(SqList sql){
curlen=sql.curlen;maxlen=sql.maxlen;
elem=new Object[maxlen];
for(int i=0;i<curlen;i++)elem[i]=sql.elem[i];
}
public void clear(){curlen=0;}
public Object gete(int i){
if(i>=1&&i<=curlen) return elem[i-1];
else return null;
}
public int leng(){return curlen;}
public int loct(Object el){
int i=0;
```

```
    while((i<curlen)&&(! elem[i].equals(el)))i++;
    if(i<curlen)return(i+1); else return(0);
    }
    public boolean inst(int loc,Object el){
    int i;
    if((loc<1) || (loc>curlen+1) || (curlen==maxlen)return(false);
    else{
        curlen++;
        for(i=curlen-1;i>=loc;i--)elem[i]=elem[i-1];
        elem[loc-1]=el;
        return(true);
      }
    }
      public Object dele(int loc){
      int i;Object el;
      if((loc<1) || (loc>curlen)) return null;
      else {
      el=elem[loc-1];
      for(i=loc;i<curlen;i++)elem[i-1]=elem[i];
      curlen--;
      return(el);
      }
    }
    public boolean full(){return curlen==maxlen;}
    public boolean empt(){return curlen==0;}
    public void inver(){
           int i,m,n;Object temp;
           n=curlen;m=n/2;
           for(i=0;i<m;i++){
             temp=elem[i];
             elem[i]=elem[n-1-i];
             elem[n-1-i]=temp;
            }
           }
     public void print(){
           for(int i=0;i<curlen;i++)System.out.print(elem[i].toString()+" ");
           System.out.println();
            }
    }
```

代码三：Test.java

```
public class Test {
  public static void main(String[] args) {
```

```
        SqList L1=new SqList(100);
        for(int i=0;i<10;i++)L1.inst(i+1,new Integer(i+1));
        Object[]a={ new Character('a'),new Character('b'),new Character('c')};
        SqList L2=new SqList(a,100);
        L1.print();
        L1.inver();
        L1.print();
        L2.print();
        L2.inver();
        L2.print();
    }
}
```

程序运行结果如下。

```
1 2 3 4 5 6 7 8 9 10
10 9 8 7 6 5 4 3 2 1
a b c
c b a
```

知识点

1. 顺序表的相关概念

采用顺序存储方式存储的线性表称为顺序表。由此建立一个实现类，实现线性表抽象类中定义的各接口函数的功能，该实现类称为顺序表类。

2. 顺序表的存储结构

在计算机内，可以用不同的方式来表示线性表。其中，最简单和最常用的方式是用一组地址连续的存储单元来依次存储线性表的各个元素。线性表$(a_1, a_2, \cdots, a_i, \cdots, a_n)$的顺序存储结构如图 2.1 所示，这种存储方式的特点是用存储单元物理位置的相邻来表示相邻元素间的逻辑关系。

假设线性表的每个元素需占用 L 个存储单元，并以第 1 个存储单元的地址作为数据元素的存储位置，则线性表中第 $i+1$ 个数据元素的存储位置 $\mathrm{LOC}(a_{i+1})$ 和第 i 个数据元素的存储位置 $\mathrm{LOC}(a_i)$ 之间满足下列关系：

$$\mathrm{LOC}(a_{i+1})=\mathrm{LOC}(a_i)+L$$

一般来说，线性表中第 i 个元素 a_i 的存储地址为：

$$\mathrm{LOC}(a_i)=\mathrm{LOC}(a_1)+(i-1)\times L$$

式中：$\mathrm{LOC}(a_1)$为线性表的第 1 个元素 a_1 的存储地址，通常称之为线性表的开始地址或基地址。

在线性表的顺序存储结构中，应该包括存储数据元素的一个一维数组。线性表的元素类型可以是基本类型也可以是引用类型，对于基本类型在数组中存储的是元素值，对于引用类型在数组中存储的是引用值。设数组名为 elem，其元素类型为 Object，数组长度用 maxlen 表示，数组中存储的元素个数用 curlen 表示，则线性表顺序存储结构如图 2.2 所示。

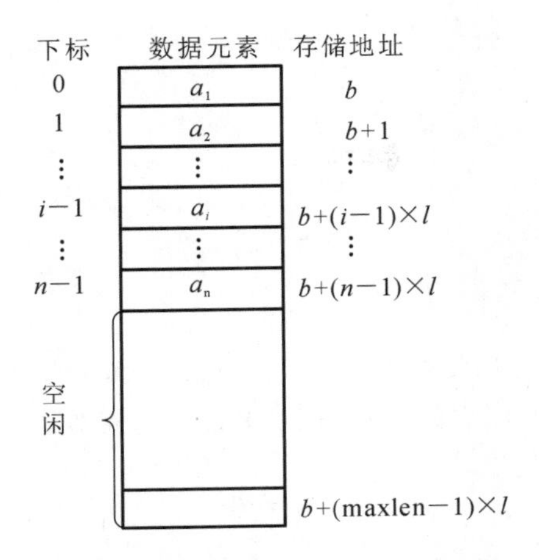

图 2.1　线性表顺序存储结构示意图

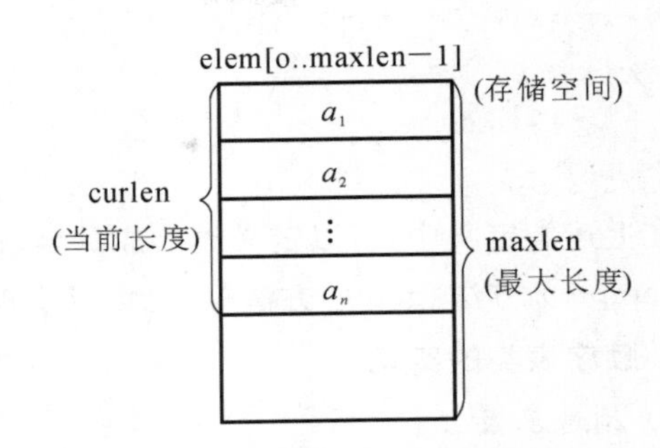

图 2.2　线性表的顺序存储结构

使用 Java 语言，可以定义以下数据结构来表示顺序表：

```
Class SqList implements  List{
      Object[] elem;
      int curlen;
      int maxlen;
      …
};
```

设 La 是属于顺序表的类，则 La 中的最初元素与最后元素可分别用 La. elem[0] 和 La. elem[La. curlen−1] 表示，而 La. curlen 则表示线性表 La 的当前长度。

3. 顺序表的类定义

顺序表即为以顺序存储方式存储的线性表。如前所述，顺序存储方式的特点是用一片连续的存储区域来依次存储线性表的各个元素。List 抽象类可以用顺序存储方式来实现，所派生的实现类命名为顺序表类 SqList。

为把顺序表类 SqList 设计成通用的软件模块，须将其元素类型设计成适合任何情形的抽象数据类型。Object 类是 Java 中所有类的根类，它的对象可以转换成其他类型，因此将顺序表类 SqList 中的元素类型设计成 Object 型，用 Object[] elem 来引用存储空间，存储空间的长度由 maxlen 确定，curlen 则表示线性表的当前长度。

类中设计多种形式的构造函数。其中，无参构造函数 SqList()用于生成一个默认长度的顺序表；构造函数 SqList(int maxsz)用于生成一个指定长度的顺序表；构造函数 SqList(Objct[] a,intmaxsz)用于生成一个指定长度的顺序表，且其 n 个元素的初始值由参数 a 来确定；SqList(SqList sql)是复制构造函数，类中其余成员函数的功能均由抽象类中的定义确定。综上所述，顺序表类 SqList 可定义如下。

```
class SqList implements List{
  final int deflen=10;
Object[] elem;
int curlen;
int maxlen;
```

```
public SqList(){
  curlen=0;
  maxlen=deflen;
  elem=new Object[maxlen];
……
  }
}
```

在上述类定义中，可以定义类的成员函数有：构造函数、clear()方法、leng()方法、full()方法、empt() 方法、gete()方法等，也可以实现顺序表的查找、插入和删除等操作。

4. 顺序表类的实现

1）构造函数

```
SqList(Object[] a,int maxsz)
```

函数功能 创建一个指定长度为 maxsz 的顺序表，其元素初始值由数组参数 a 来确定。

处理过程 确定顺序表的当前长度为数组 a 的长度，确定顺序表的最大长度为 maxsz 与数组长度的最大值，分配存储空间并传送数据元素。

具体程序代码如下。

```
public SqList(Object[] a,int maxsz){
        int n=a.length;
        curlen=n;
        maxlen=(maxsz>n)? maxsz:n;
        elem=new Object[maxlen];
        for(int i=0;i<n;i++)elem[i]=a[i];
}
```

复制构造函数由参数中指定的顺序表 sql 确定当前顺序表的当前长度、最大长度，按最大长度分配存储空间并传送相应的数据元素。具体代码如下。

```
public SqList(SqList sql){
        curlen=sql.curlen;maxlen=sql.maxlen;
        elem=new Object[maxlen];
        for(int i=0;i<curlen;i++)elem[i]=sql.elem[i];
}
```

2）查找（定位操作）

```
Int loct(Object el)
```

函数功能 在顺序表中查找数据元素 el，若线性表中存在与 el 相等的数据元素，则返回该数据元素在线性表中序号，否则返回 0。

处理过程 从第一个元素（序号为 0）起，依次将实例中的元素与 el 比较，直至与某一个元素相等则返回该元素的序号，或与 curlen 个元素全部比较都不相等，则返回 0。

具体程序代码如下。

```
publicint loct(Object el){
        int i=0;
```

```
    while((i<curlen)&&(! elem[i].equals(el))) i++;
    if(i<curlen) return(i+1);else return(0);
    }
```

在上述程序中，while 循环的条件是必须同时满足(i<curlen)与(! elem[i]. equals(el))，其中第 1 个条件表示还没有比较完，第 2 个条件表示还没有查到，只有当这两个条件同时满足时才能继续往下查找。

注意：

该程序中两个元素间比较使用的是 equals 方法而没有使用"! ="进行比较，因为这涉及对象间的比较。在 Object 类中定义了 equals 方法，对于两个引用型变量的比较，实际上比较的是二者的引用值是否相等，也就是判别二者引用的是否同一个对象。但一般要比较的是对象中所包装的数值是否相等，因此在一些子类(如基本类型的包装类)中都重载了 equals 方法，这样就可以使用 equals 方法进行相应的比较。

3) 插入操作

如图 2.3 所示，线性表的插入操作是指在线性表的第 $i-1$ 个数据元素与第 i 个数据元素之间插入一个新的元素，即插入在第 i 号位置。由于我们所采用的是顺序的存储结构，插入后元素间的逻辑关系会发生变化，为了仍然保持逻辑上相邻的数据元素在存储位置上也相邻，则必须将第 i 号到第 n 号元素向后移动一个位置(若插入位置是 $i=n+1$ 则无须移动)。插入后线性表的长度应该由原来的 n 变为 $n+1$。

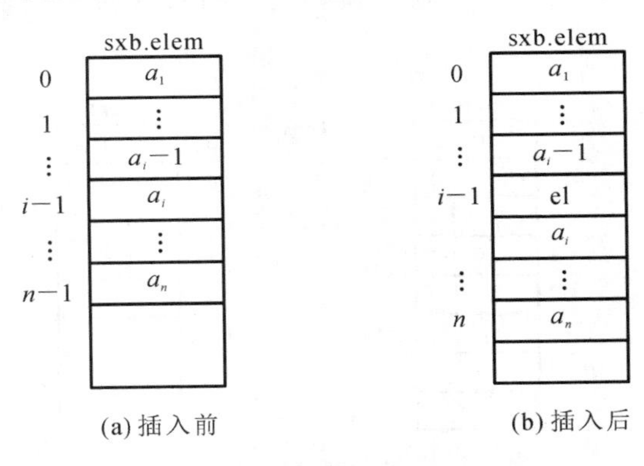

图 2.3 顺序表插入操作示意图

注意：

我们所说的线性表的元素序号是指逻辑序号，从 1 开始计数，而元素在数组存储中的下标序号从 0 开始计数，所以参数中指定的序号与程序中数组的下标序号相差 1。

插入操作由成员函数表示，具体如下。

```
boolean inst (int loc,Object el)
```

函数功能 将数据元素 el 插入在顺序表中的第 loc 个位置处，其中，1≤loc≤curlen+1，若插入成功返回 true，否则返回 false。

处理过程 检查插入位置 b 是否合法，若不合法，则返回 false，否则长度加 1 并将第 loc 号到第 curlen 号元素向后移动一个位置，将元素 el 在位置 loc 插入到线性表中并返回

true。

具体程序代码如下。

```
public boolean inst (int loc,Object el){
   int i;
   if((loc<1) ‖ (loc>curlen+1) ‖ (curlen==maxlen) return(false);
   else {
   curlen++;
   for (i=curlen-1;i>=loc;i-- ) elem[i]= elem[i-1];
   elem[loc-1]= el;
   retum(true);
 }
 }
```

在上述程序中我们要注意的是元素后移时应该从最后一个元素开始移动,所以 for 语句采用了 i——的形式。

4) 删除操作

如图 2.4 所示,线性表的删除操作是指在线性表中删除其中的第 i 个数据元素。由于我们所采用的是顺序的存储结构,删除后元素间的逻辑关系会发生变化,为了仍然保持逻辑上相邻的数据元素在存储位置上也相邻,则必须将第 $i+1$ 号到第 n 号元素向前移动一个位置,若删除的是最后一个元素则无须移动。删除后的线性表的长度应该由原来的 n 变为 $n-1$。

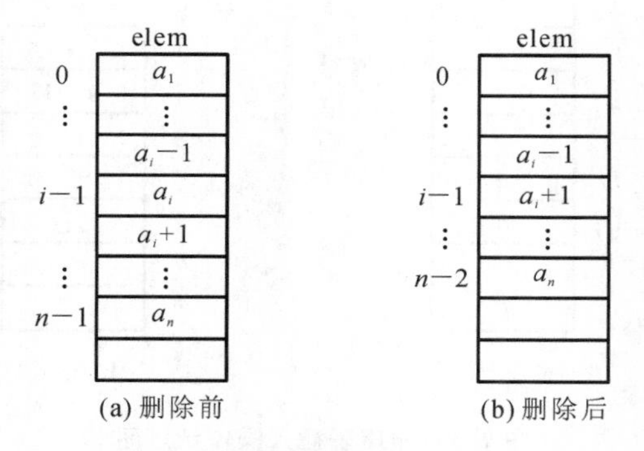

图 2.4 顺序表删除操作示意图

删除操作由成员函数表示,具体如下。

```
Object dele(int loc)
```

函数功能 在顺序表中删除第 loc 号元素并返回该元素,其中,1≤loc≤curlen。

处理过程 检查插入位置 loc 是否合法,若不合法返回 null,否则将第 loc+1 号到第 curlen 号元素向前移动一个位置,长度减 1 并返回删除元素。

具体程序代码如下。

```
public  Object dele(int loc){
  int i;
  Object el;
  if((loc<1) ‖ (loc>curlen)) return null;
```

```
    else {
      el= elem[loc-1];
      for (i=loc; i<curlen; i++)elem[i-1]= elem[i];
      curlen--;
      return(el);
    }
  }
```

从上述插入及删除算法可知，当在顺序结构的线性表中某个位置上插入或删除一个数据元素时，其时间主要消耗在移动元素上（换句话说，移动元素的操作为预估算法时间复杂度的基本操作），而移动元素的个数取决于插入或删除元素的位置。以插入算法为例，当插入位置 loc 为 $n+1$ 时，移动次数为 0 次；当插入位置 loc 为 1 时，移动次数为 n 次，平均次数为 $n/2$，可表示成线性阶 $O(n)$。

拓展延伸：顺序表合并操作

在 SqList 类中设计一个成员函数，其功能为将两个顺序表中的数据元素进行合并，同时编制一个测试程序，对该成员函数的功能进行测试。

以上我们研究了线性表的顺序存储结构，它的特点是逻辑关系上相邻的两个元素在物理位置上也相邻，因此顺序表中任一元素的存储位置都可以用一个简单直观的公式来表示。然而，从另一方面看，这种存储结构也有许多不足之处：首先，我们难以为它确定适当的存储空间大小，如果指定得太小，则难以扩充，如果指定得太大，则存储空间不能得到充分的利用；其次，在进行插入或删除操作时需移动大量元素。我们还将讨论另一种存储结构——链式存储结构，由于它不要求逻辑关系上相邻的元素在物理位置上也相邻，因此它没有顺序存储结构所具有的缺点。

任务 3 单链表

线性表的链式存储结构也有很多种类：按链的类别来分，可以分为单链表、循环链表、双向链表、双向循环链表等；按结点的分配方式来分，可以分为动态链表和静态链表。动态链表表是通过结点的指针或结点的引用将结点连接成链表，而静态链表则是通过仿真指针（整型指示器）将结点连接成链表。由于我们已将线性表的元素类型设计成引用类型，通过仿真指针找到下一个结点，再通过其中的引用值找到下一个数据元素，不如直接通过引用值找下一个元素，因此在 Java 中一般不使用静态链表。下面我们重点讲解单链表。

任务导入

单链表任务案例 设计一个函数，其功能为实现单链表中的所有结点按元素值进行排序，同时编制一个主程序，对该函数的功能进行测试。

设计思想 先把原单链表置空作为新单链表，然后把去掉头结点的原单链表中的结点逐个按元素值的大小插入到新单链表中。由于该函数可以设计成是类中的成员函数，执行操作的对象是当前对象,因此该函数无须设置参数,故设置如下。

```
void sort();
```

代码一:Node.java

```
class Node {
   Object data;
   Node next;
   public Node(Object d,Node n){
     data=d;
     next=n;
   }
   public Node(){
     this(null,null);
   }
   public Object getdata()
   {return data;}
   public void setdata(Object el)
   {data=el;}
   public Node getnext()
   {return next;}
   public void setnext(Node  p)
   {next=p;}
};
```

代码二:List.java

```
public interface List {
  public void clear();
   public Object gete(int i);
   public int leng();
   public int loct(Object el);
  public boolean inst(int loc,Object el);
   public Object dele(int loc);
   public boolean full();
   public boolean empt();
}
```

代码三:LinkList.java

```
class LinkList implements List{
  Node  head;
  int size;
  public LinkList(){
    head=new Node();
    size=0;
  }
  public LinkList(Object[]a){
    Node p;
    int i,n=a.length;
```

```
    head=new Node();
    for(i=n-1;i>=0;i--){
        p=new Node(a[i],head.next);
        head.setnext(p);
    }
  size=n;
 }
 public void clear(){
  head=new Node();
  size=0;
  }
  public Node index(int i){
   Node p;
   int j;
   if((i<0) || (i>size))p=null;
   else if(i==0) p=head;
   else{p=head.next;
   j=1;
   while((p!=null)&&(j<i))
   {p=p.next;j++;
   }
  }
 return p;
}
  public Object gete(int i){
   if((i<1) || (i>size)) return(null);
    Node  p=index(i);
    return p.getdata();
  }
  public int leng(){return size;}
  public int loct(Object el)
  {
    Node p;
    int j;
    p=head.next;
    j=1;
    while(p!=null)
    {if(p.data.equals(el))break;
    p=p.next;
    j=j+1;
   }
  if(p!=null)return(j);
  else return(0);
```

```
  }
  public boolean inst(int loc,Object el)
  {
    if((loc<1) || (loc>size+1))return false;
    Node p=index(loc-1);
    p.setnext(new Node(el,p.next));
    size++;
    return true;
  }
 public Object dele(int i){
   if((size==0) || (i<1) || (i>size))return null;
   Node p=index(i-1);
   Object el=p.next.getdata();
   p.setnext(p.next.next);
   size--;
   return el;
 }
public boolean full(){return false;}
public boolean empt(){return head.next==null;}
public void orderinst(Node ip){
  Node p,q;
  Object data;
  data=ip.data;
  if((head.next==null) || (((Integer)data).intValue()<=((Integer)head.next.data).
intValue())){
  ip.next=head.next;
  head.next=ip;
  }else{
  p=head.next;
  q=null;
  while((p!=null)&&(((Integer)p.data).intValue()<((Integer)data).intValue())){
  q=p;
  p=p.next;
  }
  ip.next=q.next;
  q.next=ip;}
}
public void sort(){
  Node p,s;
  p=head.next;
  head.next=null;
  while(p!=null)
  {s=p;
```

```
    p=p.next;
    orderinst(s);
    }
  }
  public void prnt(){
    Node t;
    t=head.next;
    while(t!=null){
    System.out.print(t.data+" ");
        t=t.next;}
    }
  }
```

代码四：Exam3.java

```
public class Exam3 {
  public static void main(String[] args) {
    LinkList LL1=new LinkList();
    for(int i=0;i<10;i++)
      LL1.inst(i+1,new Integer(i+1));
    LL1.print();
    System.out.println();
    LL1.inst(5,new Integer(99));
    LL1.print();
    System.out.println();
    LL1.sort();
    LL1.print();
  }
}
```

程序运行结果如下。

```
1 2 3 4 5 6 7 8 9 10
1 2 3 4 99 5 6 7 8 9 10
1 2 3 4 5 6 7 8 9 10 99
```

知识点

1. 单链表的相关概念

采用单向链式的存储方式存储的线性表称为单链表。由此建立一个实现类，实现线性表抽象类中定义的各接口函数的功能，该实现类称为单链表类。

2. 单链表的存储结构

单链表存储结构是用一组任意的存储单元来存储线性表的数据元素。为了表示数据元素间的逻辑关系，对数据元素 a_i 来说，除了存储其本身的信息外，还需存储其直接后继的信息。图 2.5 所示为线性表(a_1，a_2，a_3) 采用单链表存储结构时，在内存中的存储状态示例。

在线性表的链式存储结构中，数据元素 a 的存储映象称为结点。单链表的结点包括两

	存储地址	数据域	指针域
	220	a_2	284
H	284	a_3	null
350			
	350	a_1	220

图 2.5 单链表存储状态示例

个域:存储数据元素信息的域称为数据域;存储直接后继存储位置的域称为引用域。n 个结点($a_i(1\leqslant i\leqslant n)$的存储映象)链结成一个链表,即为线性表($a_1,a_2,\cdots,a_n$)的链式存储结构。线性表链式存储结构的特点是:数据元素之间的逻辑关系是由结点中的引用值指示的。由于此链表的每个结点中只包含一个引用域,故称为单链表。

对单链表的存取必须从头开始进行,表示单链表的引用变量引用链表中的第 1 个结点。同时由于最后一个数据元素没有直接后继,因此线性表中最后一个结点的引用值为空(null)。

由于一个线性链表的链头引用可以确定整个线性链表,因此我们往往用这个链头引用来表示它所引用的线性链表。有时,为了适应算法的需要,我们要在单链表的第一个结点之前附设一个结点,称为头结点。头结点的数据域可以不存储任何信息,头结点的引用域引用第 1 个结点,此时,表示单链表的引用变量引用头结点。带头结点的单链表如图 2.6 所示。

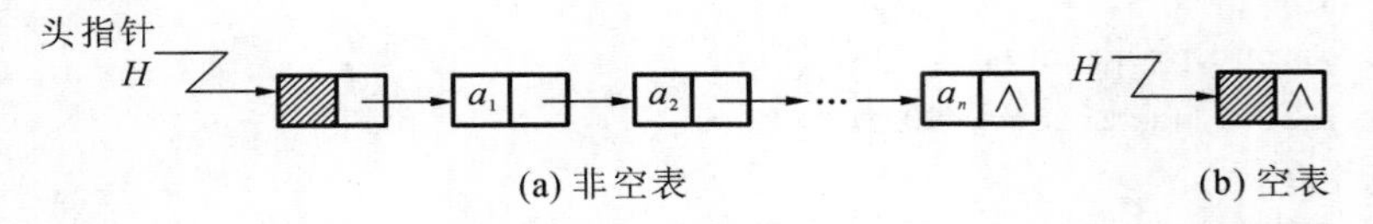

图 2.6 带头结点的单链表

为了表示线性表的链式存储结构,先要定义存放数据元素的结点类型,然后就可以定义一个属于这种类型的引用变量并使其引用头结点来表示一个线性表。假设结点类型名为 Node,结点类型中数据域名为 data,引用域名为 next,则结点类的定义可表示如下。

```
Class Node{
   Object data;
   Node next;
   …};
```

在定义了单链表的结点类 Node 之后,就可用一个 Node 型的引用变量来表示单链表。例如:

```
Node head;
```

在相关程序中,先使 head 指向某一个单链表的头结点或第一个结点,然后就可以对这个 head 所表示的单链表进行各种操作。

3. 单链表的类定义

线性链表即为以链式存储方式存储的线性表。如前所示,链式存储方式的特点是用一组任意的存储单元来存储线性表的各个元素,数据元素之间的逻辑关系是由指针或引用来表示的。在下面的讨论中,线性链表指的是单链表。List 抽象类可以用链表存储方式来实现,所派生的实现类命名为链表类 LinkList。

在链表类 LinkList 中，用一个结点的引用变量 head 来表示链表，其类型为 Node 结点类。

Node 类中的数据成员 data 用于存放结点中的数据，next 用于存放引用下一个结点的引用值。构造函数 Node(Object d, Node n)用于生成一个元素值为 d、引用值为 n 的新结点；构造函数 Node()用于生成一个元素值、引用值均为默认值 null 的新结点。另外，还设置存取数据成员的相应的成员函数。

综上所述，结点类 Node 的定义如下。

```
class Node{
    Object data;
    Node next;
        public Node(Object d,Node n){data=d; next n;}
    public Node(){this(null,null);}
    public Object getdata() {return data;}
    public void setdata(Object el){data=el;}
    public Node getnext(){return next;}
    public void setnext(Node p){next=p;}
};
```

LinkList 类中，除设置 head 表示链头之外，为了处理方便，还设置数据成员 size 表示链表的长度。该类的构造函数 LinkList()用于生成一个空表，构造函数 LinkList(Object[] a)用于生成一个长度为 n 的链表，其 n 个结点中的数据初始值由数组参数 a 中的元素来确定。成员函数 Node index(int i)的功能是求链表中第 i 号结点。该函数在类中多处被调用。类中其余成员函数的功能均由抽象类中的定义确定。

在上述类定义中，着重讨论在单链表的存储结构方式下，线性表的建表、取元素、插入及删除等操作的实现。

4. 单链表类的实现

1）构造函数

```
LinkList(Object[] a)
```

函数功能 创建一个由 head 指向的长度为 n 的单链表(带头结点)，并使其 n 个数据元素的值依次等于一维数组 a 中的 n 个元素的值。

处理过程 ① 建立一个空表；② 生成一个结点，按从下到上的次序从数组 a 中取出元素作为结点中的元素值，然后从链头插入该结点；③ 重复执行生成结点的操作，直至生成 n 个结点。

具体程序代码如下。

```
public LinkList(Object[] a){
        Node p;
        int i,n=a.length;
        head=new Node();
        for(i=n-1;i>=0;i--){
```

```
            p=new Node(a[i],head.next);
            head.setnext(p);
        }
    size=n;
  }
```

2) 求指定序号的结点

```
Node index(int i)
```

函数功能 返回带头结点的单链表中第 i 个结点的引用值。若 $0 \leqslant i \leqslant$ 表长,则返回表中第 i 个结点的引用值;否则返回 null。

处理过程 ① 检查参数 i 是否合法,若不合法则返回 null,若为 0 则返回 head;② 初始化,使引用变量 p 引用第一个结点,计数器 j 初值为 1;③ 顺引用值逐个后移并计数,直至引用到第 i 个结点,返回该结点的引用值或当引用值为空时返回 null。

具体程序代码如下。

```
public Node index(int i){
        Node p;
        int j;
        if((i<0)||(i>size))p=null;
        else if(i==0) p=head;
        else{p=head.next;
          j=1;
          while((p!=null)&&(j<i))
          {p=p.next;j++;
          }
        }
        return p;
}
```

3) 取元素操作

```
Object  gete(int i)
```

函数功能 取带头结点的单链表中的第 i 个数据元素。若 $0 \leqslant i \leqslant$ 表长,则返回表中的第 i 个数据元素;否则返回空元素 null。

处理过程 ① 检查参数 i 是否合法,若不合法,则返回 null;② 调用 index(i)求单链表中第 i 个结点的引用值 p;最后返回结点 p 中的数据元素。

具体程序代码如下。

```
public Object gete(int i){
        if((i<1)||(i>size)) return(null);
        Node  p=index(i);
        return p.getdata();
  }
```

4) 定位操作

```
int loct(Object el)
```

函数功能 在单链表中查找数组元素 el,若查到则返回序号,否则返回 0。

处理过程 ① 使引用变量 p 引用单链表的第一个结点,计数值初始化;② 顺引用值逐个进行比较并逐个计数,直至结点中的数据值与 el 相等,返回计数值或当引用值为空时返回 0。

具体程序代码如下。

```
public int loct(Object el)
  {Node p;
      int j;
      p=head.next;
      j=1;
      while(p!=null)
        {if(p.data.equals(el))break;
          p=p.next;
          j=j+1;
        }
      if(p!=null)return(j);
      else return(0);
  }
```

程序中两个元素间比较要使用 equals 方法而不能使用"==",因为要比较的是两个对象中的数值而不是比较二者是否为同一对象。

5) 插入操作

```
Boolean inst(int loc,Object el)
```

其中,参数 loc,el 分别表示插入的位置与插入的元素。

函数功能 在带头结点的单链表中的第 loc 号结点之前插入数据元素值为 el 的新结点。

处理过程 ① 检查参数 loc 是否合法,若不合法,则返回 false;② 调用 index,寻找第 loc-1 个结点,使 p 引用该结点,然后生成一个元素值为 el 的新结点 s,并将 s 插入到结点 p 之后;③ 长度加 1 并返回 true。

具体程序代码如下。

```
public boolean inst(int loc,Object el)
{
    if((loc<1)||(loc>size+1))return false;
    Node p=index(loc-1);
    p.setnext(new Node(el,p.next));
    size++;
    return true;
}
```

6) 删除操作

```
Object  dele(int i)
```

函数功能 在单链表中删除第 i 个结点并返回该结点中的元素值。

处理过程 ① 判断是否为空表或参数不合法,若是空表则返回 null;② 调用 index,

寻找第 i－1 个结点，使 p 引用该结点，然后改变 p 结点的引用域，使得第 i 号结点从链表中被删除；③ 长度减 1 并返回该结点中的元素值。

具体程序代码如下。

```
public Object dele(int i){
    if((size==0) || (i<1) || (i>size))return null;
    Node p=index(i-1);
    Object el=p.next.getdata();
    p.setnext(p.next.next);
    size--;
    return el;
}
```

拓展延伸

在单向链表的结构讨论中，能衍生出更为有趣的链表结构，接下来我们讨论的是环形链表结构，其在链表的任何一个结点，都可以到达此链表的各个结点。

1. 环形链表的相关概念

如果把单向链表的最后一个结点指针指向表头，整个链表就成为单向的环形链表结构。这种结构会防止链表表头指针被破坏或遗失而导致整个链表遗失，因为每一个结点都可以是表头，也可以从任一结点来追踪其他结点。建立过程与单向链表相似，唯一不同点是必须要将最后一个结点指向第一个结点。

2. 环形链表的插入与删除

环形链表在插入结点时，通常出现以下两种情况。

(1) 直接将新结点插入到第一个结点前成为表头，如图 2.7 所示。

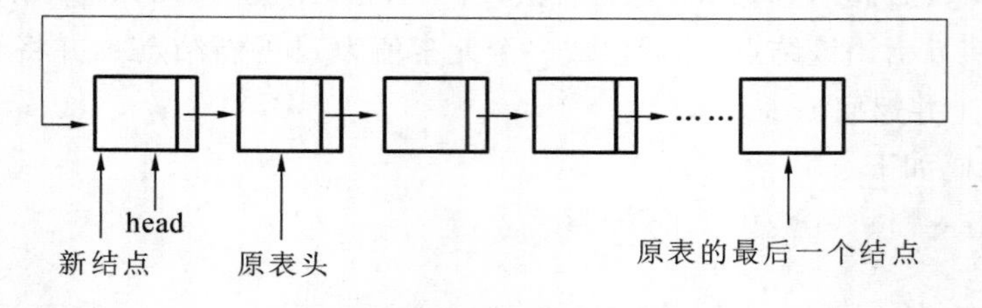

图 2.7　新结点插入第一个结点前

具体步骤为：① 将新结点的指针指向原表头；② 找到原表的最后一个结点，并将指针指向新结点；③ 将表头指向新结点。

(2) 将新结点 i 插在任意结点 x 之后，如图 2.8 所示。

具体步骤为：① 将新结点 i 的指针指向 x 结点的下一个结点；② 将 x 结点的指针指向 i 结点。

环形链表的删除，通常也有以下两种情况。

(1) 删除环形链表的第一个结点，如图 2.9 所示。

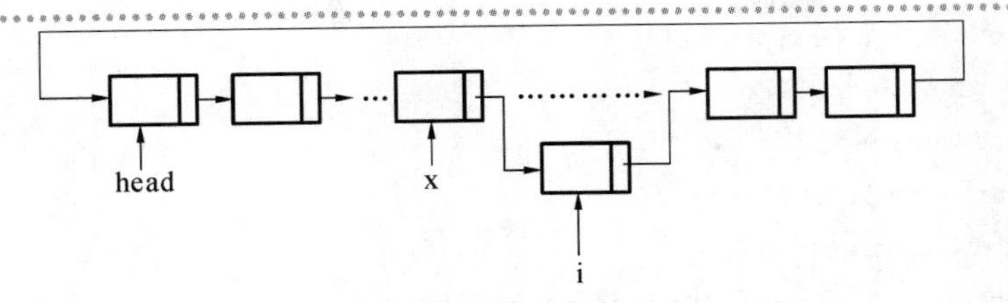

图 2.8　新结点插入任意结点后

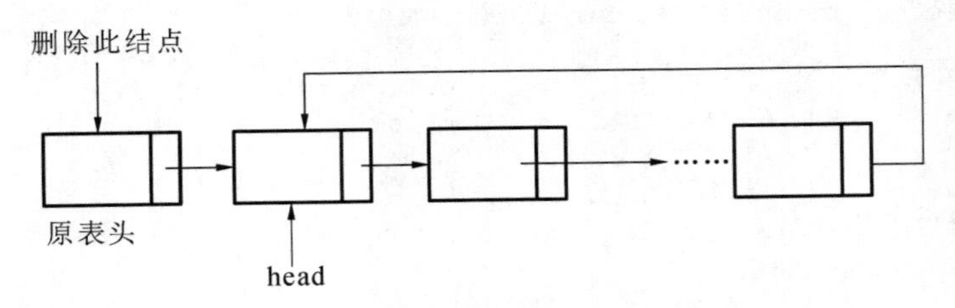

图 2.9　删除环形链表的第一个结点

具体步骤为：① 将表头 head 移到下一个结点，② 将最后一个结点的指针移到新的表头。

(2) 删除环形链表的中间结点，如图 2.10 所示。

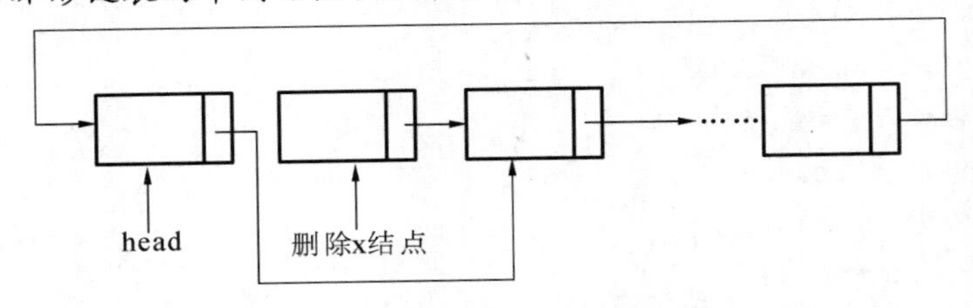

图 2.10　删除环形链表的中间结点

具体步骤为：① 找到所要删除结点 x 的前一个节点；② 将 x 结点的前一个结点的指针指向结点 x 的下一个结点。

以下是环形链表的插入和删除算法。

```
import java.util.*;
import java.io.*;
 class Node{
    int data;
    Node next;
     public Node (int data){
      this.data=data;
      this.next=null;}
     }
public class CircleLink{
   public Node first;
   public Node last;
```

```
    public boolean isEmpty (){
    return first==null;}
  public void print (){
    Node current=first;
      whi le (current!=last){
        System.out.print ("["+current.data+"]");
        current=current.next;}
      System.out.print (" ["+current.data+"]");
      System.out.println();}
  public void insert (Node   trp){
    Node tmp;
    Node newNode;
    if (this.isEmpty()){
        first=trp;last=trp;
        last.next=first;}
    else if(trp.next==null){
      last.next=trp;last=trp;
      last.next=first;}
  {    newNode=first;tmp=first;
       while (newNodNode.next!=trp.next)
       { if (tmp.next==first)
        break;tmp=newNode;
        newNode=newNode.next; }
        tmp; next=trp;
        trp.next=newNode;}
  }
  public void delete (Node delNode){
        Node newNode;Node tmp;
        if (this.isEmpty()){
        System.out.print (" [环形链表已经空了]\n");
        return; }
      if (first.data==del(Node.data))//要删除的结点是表头
      {  first=first.next;;
        if (first==null) System.out.print (“[环形链表已经空]\n”);
        return;  }
      else if (last.data==delNode.data))//要删除的结点是表尾
      {   newNode=first;
        while (newNode.next !=last) newNode=newNode.next;
        newNode.next=last.next;
        last=newNode;
        last.next=first;}
        Else{
```

```
                newNode=first;
                tmp=first;
                while (newNode.data !=delNode.data){
                tmp=newNode;
                newNode=newNode.next;}
            tmp.next=delNode.next;}
            }
        }
    }
```

在单链表或环形链表中，只能沿着同一个方向查找数据，但如果有一个链接断裂，则后面的链表就会消失而无法救回。双向链表是另外一种常用的链表结构，它可以改善这以上缺点。它的基本结构和单链表类似，至少一个字段存放数据，只是它有两个指针域，一个指向后面结点，一个指向前面结点，在这里限于篇幅我们不再详细介绍。

习题2

一、填空题

1. 线性表的两种存储结构分别为________和________。

2. 顺序表中，逻辑上相邻的元素，其物理位置________相邻。在单链表中，逻辑上相邻的元素，其物理位置________相邻。

3. 若经常需要对线性表进行插入和删除操作，则最好采用________存储结构。若线性表的元素总数基本稳定，且很少进行插入和删除操作，但要求以最快的速度存取线性表中的元素，则最好采用________存储结构。

4. 在顺序表中等概率下插入或删除一个元素，需要平均移动________元素，具体移动的元素个数与________有关。

5. 在带头结点的非空单链表中，头结点的存储位置由________指示，首元素结点的存储位置由________指示，除首元素结点外，其他任一元素结点的存储位置由________指示。

6. 已知 L 是带头结点的单链表，且 p 结点既不是首元素结点，也不是尾元素结点。按要求从下列语句中选择合适的语句序列。

(1) 在 p 结点后插入 s 结点的语句序列是：________。

(2) 在 p 结点前插入 s 结点的语句序列是：________。

(3) 在表首插入 s 结点的语句序列是：________。

(4) 在表尾插入 s 结点的语句序列是：________。

供选择的语句有：

① p. next=s; ② p. next=p. next. next; ③ p. next=s. next; ④ s. next=p. next; ⑤ s. next=L. next; ⑥ s. next=p; ⑦ s. next=null; ⑧ q=p; ⑨ while(p. next! =q)p=p. next; ⑩ while(p. next! ==null) p=p. next; ⑪ p=q; ⑫ p=L; ⑬ L. next=s; ⑭ L=p;

二、选择题

1. 线性表是(　　)。

A. 一个有限序列，可以为空　　B. 一个有限序列，不能为空

C. 一个无限序列，可以为空　　D. 一个无限序列，不能为空

2. 带头结点的单链表 L 为空的判定条件是(　　)。

A. head＝null　　B. head. next＝null

C. head. next＝L　　D. head！＝null

3. 在表长为 n 的单链表中，算法时间复杂度为 $O(n)$ 的操作为(　　)。

A. 删除 p 结点的直接后继结点　　B. 在 p 结点之后插入一个结点

C. 删除表中第一个结点　　D. 查找单链表中第 i 个结点

4. 在表长为 n 的顺序表中，算法时间复杂度为 $O(1)$ 的操作为(　　)。

A 在第 i 个元素前插入一个元素

B. 删除第 i 个元素

C. 在表尾插入一个元素

D. 查找其值与给定值相等的一个元素

5. 设单链表中指针 p 指向结点 a_i，若要删除 a_i 之后的结点，则需修改指针的操作为(　　)。

A. p＝p. next　　B. p. next＝p. next. next

C. p＝p. next. next　　D. next＝p

6. 从逻辑上可以把数据结构分为(　　)。

A 动态结构和静态结构　　B. 紧凑结构和非紧凑结构

C. 线性结构和非线性结构　　D. 内部结构和外部结构

三、综合题

试比较线性表的两种存储结构各自的优缺点。

项目 3 堆栈

知识目标

（1）掌握堆栈的逻辑结构及两种不同的存储结构。

（2）掌握堆栈在顺序存储结构及链式存储结构上实现基本操作（如入栈、出栈等）的算法及分析。

（3）能够针对具体应用问题的要求与性质，选择合适的存储结构设计出有效算法，解决与堆栈相关的实际问题。

能力目标

（1）培养学生运用所学理论解决实际问题的能力。

（2）培养学生实际动手调试 Java 程序的能力。

本项目讨论堆栈结构。与线性表一样，栈也是一种线性的数据结构，因此从数据结构的角度来看，栈就是一种线性表。但与一般的线性表不同的是，对栈所施行的操作只能限定在表尾进行，因此从数据类型的角度来看，栈就是一种独立的抽象数据类型。栈的数据元素之间呈线性关系，其主要操作有进栈、出栈和取栈顶元素等。

任务 1　栈的相关概念及抽象数据类型

1. 栈的相关概念

在日常生活中，有许多后进先出的例子。例如，在洗盘子时，我们总是把洗好的盘子逐个放在其他已洗好的盘子的上面，而在使用盘子的时候，总是从上面逐个取出。在这个例子中我们可以看到，无论是放盘子还是取盘子，都是在一叠盘子的上端进行，而且是后放入的先取出。又如，在手枪子弹夹中推入子弹时，后推入的子弹总是压在之前已推入子弹的上面，而从子弹夹中取出子弹时，总是先取出最后推入的子弹。上述实例正是栈操作特点的形象表示。

栈是限定只能在表的一端进行插入和删除操作的线性表。在表中允许插入和删除的一端称为栈顶（top），而不允许插入和删除的另一端称为栈底（bottom），向栈顶插入一个元素的操作称为入栈（push）操作，从栈顶取出一个元素的操作称为出栈（pop）操作。栈一经确定，则栈底固定不变，而栈顶随入栈、出栈操作的执行不断变化。由于栈的操作具有“后进先出”的特点，因此栈又称为后进先出(last in first out，LIFO)表。

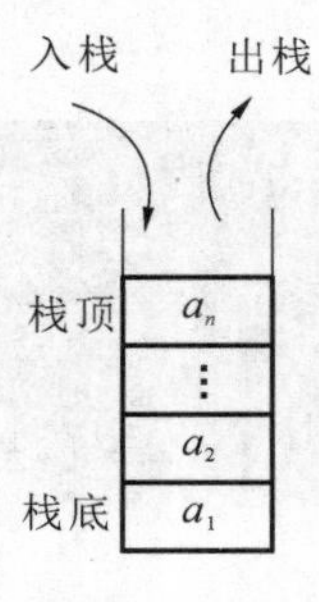

图 3.1 栈

在图 3.1 所示的栈中，a_1 是栈底元素，a_n 是栈顶元素。栈中的元素以 $a_1,a_2,\cdots,a_i,\cdots,a_n$ 的顺序进栈，如果对这个栈执行入栈操作，入栈的元素为 a_{n+1}，则该栈的栈顶元素就变为 a_{n+1}；如果对这个栈执行出栈操作，则栈顶元素 a_n 从栈中取出，当前的栈顶元素就变为 a_{n-1}。

一般情况下，一个栈是由 n 个元素组成的有限序列，可记为：

$$S=(a_1,a_2,\cdots,a_i,\cdots,a_n)$$

其中，每个 a_i 都是栈 S 的数据元素，数据元素可以是各种类型，但须属于同一种数据元素类。

从上述洗盘子的实例中我们也可以看到，栈的操作与放盘子、取盘子的动作非常相似，如果将一叠盘子看成一个栈，每一个盘子看成是栈的一个元素，那么，入栈操作就相当于放盘子的动作，而出栈操作就相当于取盘子的动作。除了入栈(push)、出栈(pop)操作以外，栈的操作通常还包括清空(clear)、求当前元素个数(length)、判断是否为空栈(empty)，以及取栈顶元素(get top)等，我们可以通过对栈的操作及其实现方法的研究，来实现具体问题中的有关操作。

综上所述，栈是一种数据结构，其数据元素之间呈线性关系，其操作的特点是“后进先出”，主要操作有进栈、出栈和取栈顶元素等。

在计算机科学中，栈的应用非常广泛。栈与递归处理过程的关系也非常密切。要实现递归，必须设置一个数据栈来存放递归调用中的参数与局部变量等信息。当进行递归调用时，递归深度进一层，栈的深度也增加一层，当递归返回时，递归深度退一层，栈的深度也减少一层，否则就无法正确地传递递归执行过程中的有关信息。

在处理迷宫问题等这一类试探性求解的问题中，为了到达正确的目的地，必须试探每一条可能的路径，当往前继续探索无望时，需要回头另选通路继续试探。为此必须设置一个栈来记录已走过的路径上的每一点的有关信息，以便正确地另选通路继续试探。

在编译程序中，栈又被用于实现表达式的翻译或被用于检查表达式中的各种括号是否配对。在这类问题中，对表达式从左向右扫描，当遇到左括号时，左括号进栈，而遇到右括号时，首先从栈顶弹出一个元素，再比较弹出的元素是否与右括号配对，如果配对则继续处理，否则提示错误。

2. 栈的抽象数据类型描述

根据面向对象程序设计的原则，实现部分与接口部分二者应该分离。接口部分可以用 ADT 定义，即抽象数据类型定义进行描述。一种数据类型的 ADT 定义由数据元素、结构关系及基本操作三部分组成。栈的抽象数据类型可描述为数据元素、结构关系及基本操作。其中，数据元素可以是各种类型的数据，但必须同属于一个数据元素类，结构关系即栈中的 n 个元素呈线性关系。

对栈可执行的基本操作具体如下。

- Intiate(s)　构造一个空栈 s。
- Clear()　将栈 s 清为空栈。
- Length(s)　求长度。函数值为给定栈 s 中数据元素的个数。
- Empty(s)　判空栈。若 s 为空栈，则返回布尔值 true，否则返回布尔值 false。

- Ful(s) 判栈满。若 S 栈满，则返回布尔值 true，否则返回布尔值 false。
- Push(s,e) 入栈操作。将 el 推入栈 s 中。若 s 非空，则插入元素 el 为插入前栈顶元素的后继（即 el 为插入后的栈顶元素）；否则插入元素为栈中的第 1 个元素即栈顶元素。
- Pop(s) 出栈操作。若栈 s 非空，则返回函数值为栈顶元素，且从栈中删除栈顶元素；否则返回函数值为空元素 null。
- GetTop(s) 取栈顶操作。若栈 s 非空，则返回函数值为栈顶元素；否则返回函数值为空元素 null。

3. 栈的接口定义

为了在面向对象应用程序中使用栈的功能，则要将栈的 ADT 定义转化为类定义，并通过创建栈的实例来实现应用程序的功能。在本节中我们先将栈这种抽象数据类型定义成一个接口，然后再结合某一种具体的存储方式加以实现。采用这种实现方式可以使应用程序具有更好的可读性与可维护性。

对抽象数据类型栈定义 Stack 接口。接口中不考虑数据的存储方式，对于 ADT Stack 中的每一个操作，在接口中定义成一个接口函数。由于这些函数都是接口中的成员函数，因此操作中没有必要设置表示栈的参数 s，但须按各种操作的功能确定函数的返回类型。

综上所述，栈接口 Stack 可定义如下。

```
public interface Stack {
  public void clear();
  public int leng();
  public boolean full();
  public boolean empt();
  public boolean push (Object el);
  public Object pop();
  public Object gettop();
}
```

Stack 接口的定义为栈的使用提供了统一的接口，但在实现时须考虑具体的存储方式。数据的存储方式不同，其操作的实现方法也就不同，因而会产生多种 Stack 的实现类。按顺序存储结构建立起来的栈称为顺序栈，按链式存储结构建立起来的栈称为链栈。

下面我们分别按栈的顺序存储结构与链式存储结构两种方式来介绍顺序栈 SqStack 与链栈 LinkStack 的类定义。

任务 2 顺序栈

任务导入

顺序栈任务实例 在顺序栈类中设置一个构造函数，其功能为创建一个顺序栈并使栈中元素与数组参数 a 中的 n 个元素相对应。同时编制一个主函数，对该构造函数的功能进行测试。

具体程序如下。

```
public interface Stack {
    public void clear();
    public int leng();
    public boolean full();
    public boolean empt();
    public boolean push(Object el);
    public Object pop();
    public Object gettop();
}
class SqStack implements Stack{
    Object[] elem;
    int top;
    int maxlen;
    public SqStack(){
      this(10);
    }
    public SqStack(int maxsz){
      maxlen=maxsz;
      elem=new Object[maxlen];
      top=-1;
    }
    public void clear(){
      top=-1;
    }
    public int leng(){
      return top+1;
    }
    public boolean full(){
      return top>=maxlen-1;
    }
    public boolean empt(){
      return top==-1;
    }
    public boolean push(Object el){
      if(top>=maxlen-1) return(false);
      else{
       elem[++top]=el;
       return(true);}}
    public Object pop(){
      if(top==-1) return  null;
      else return(elem[top--]);
    }
    public Object gettop(){
```

```
        if(top==-1) return null;
        else return(elem[top]);
      }
    public SqStack(Object[]a,int maxsz){
      int n=a.length;
      maxlen=(maxsz>n)? maxsz:n;
      elem=new Object[maxlen];
      for(int i=0;i<n;i++)elem[i]=a[i];
      top=n-1;
  }
  public class Exam1 {
      public static void main(String[] args) {
      Object[] a={new Character('a'),new Character('b'),new Character('c')};
      SqStack SqS1=new SqStack(a,100);
      while(! SqS1.empt()){
        String str=(SqS1.pop()).toString();
        System.out.println("elem="+str);
      }
      }
  }
```

程序运行结果如下。

```
elem=c
elem=b
elem=a
```

知识点

1. 顺序栈的存储结构

栈的顺序存储结构是指使用一组地址连续的存储单元来依次存放自栈底到栈顶的数据元素，同时设置一个整型变量指示栈顶元素的当前位置。在本书中，使用一维数组 Object[] elem 来存储栈中的数据元素，其长度可取为一个适当的最大值，用 maxlen 表示，使用一个整型指示器 top 来表示栈顶的位置，栈的顺序存储结构如图 3.2 所示。

栈顶指示器 top 的取值可以表示栈的当前状态：当 top＝－1 时，则栈为空栈，当 top ≥maxlen－1 时，则为栈满。在栈非空的状态下，top 的值在 0 与 maxlen－1 之间，这时栈中有 top＋1 个数据元素。其中，elem[0]为最早进入栈的元素，即为栈底元素，而 elem[top]为最后进入栈的元素，即栈顶元素。图 3.3 中所示的是栈顶指针与栈中元素之间的关系。

当对某一个顺序栈执行入栈操作时，如果发现栈满，则应该产生一条出错信息；而当对某一个顺序栈执行出栈操作时，如果发现栈空，则也应该产生一条出错信息。通常，top＝－1 在应用程序中作为栈空的控制转移条件来使用。

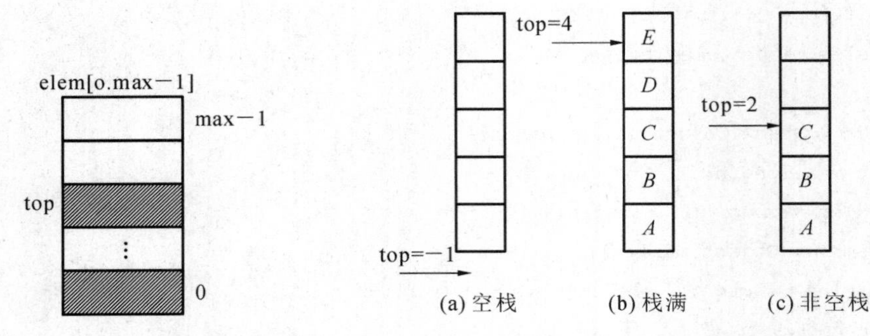

图 3.2　栈的顺序存储结构　　**图 3.3　栈顶指示器与栈中元素之间的关系**

使用 Java 语言，我们可以定义如下的数据结构来表示顺序栈。

```
class SqStack implements Stack{
    Object[ ] elem;
    int top;
    int maxlen;
    …
};
```

其中，设 s 属于顺序栈类，则 s. top 表示栈顶指示器，s. elem[s top]表示栈顶元素等。

2. 顺序栈的类定义及实现

顺序栈即为以顺序存储方式存储的栈，其特点是用一片连续的存储区域来依次存储栈中的各个元素。Stack 抽象类可以用顺序存储方式来实现，所派生的实现类命名为顺序栈类 SqStack。

为了将顺序栈类 SqStack 设计成通用的软件模块，须将其元素类型设计成适合任何情况的抽象数据类型。Object 类是 Java 中所有类的根类，Object 类的对象可以转换成其他类型，因此将顺序栈类 SqStack 中的元素类型设计成 Object 型，用 Object[] elem 来引用存储空间，存储空间的长度由 maxlen 确定，top 表示顺序栈的栈顶。

类中设计多种形式的构造函数。无参构造函数 SqStack()用于生成一个默认长度的顺序栈，构造函数 SqStack(int maxsz)用于生成一个指定长度的顺序栈。类中其余成员函数的功能均由抽象类中的定义确定。综上所述，顺序栈类 SqStack 的定义如下。

```
class SqStack implements Stack{
    Object[] elem;
    int top;
    int maxlen;
    public SqStack() {
      this(10);
    }
    public SqStack(int maxsz){
      maxlen=maxsz;
      elem=new Object[maxlen];
      top=-1;
    }
    public void clear(){
```

```
      top=-1;
    }
    public int leng(){
      return top+1;
    }
    public boolean full(){
      return top>=maxlen-1;
    }
    public boolean empt(){
      return top==-1;
    }
    public boolean push(Object el){
      if(top>=maxlen-1) return(false);
      else{
        elem[++top]=el;
        return(true);
      }
    }
    public Object pop(){
      if(top==-1) return null;
      else return(elem[top--]);
    }
    public Object gettop(){
      if(top==-1) return null;
      else return(elem[top]);
    }
```

在上述类定义中定义的构造函数的功能是按指定的长度分配顺序表空间，并设置 maxlen 及 top 变量初值。成员函数 leng()、full()、empt()、clear()的实现过程都比较简单，下面就着重讨论在顺序存储结构方式下，栈的入栈、出栈等操作的实现。

1）入栈操作

```
boolean push(Object el)
```

函数功能 将 el 推入栈中，若操作成功，则返回 true，否则返回 false。

处理过程 ① 判是否栈满，若栈满，则返回 false，否则执行下一步；② 栈顶指针加 1，将 el 送入栈顶并返回 true。

具体程序代码如下。

```
public boolean push(Object el) {
      if (top>=maxlen-1) returm (false);
else {
      elem[++top]=el;
return (true);}
}
```

2) 出栈操作

```
Object pop()
```

函数功能 若指定的栈非空,则从栈中取出栈顶元素并返回该元素,否则返回 null。

处理过程 ① 判栈是否为空栈,若为空栈,则返回 null,否则执行下一步;② 栈顶指针减 1 并返回原栈顶元素。

具体程序代码如下。

```
public Object pop() {
        if (top==-1) return null;
        else return (elem([top--]));}
```

3) 取栈顶元素

```
Object gettop()
```

函数功能 若指定的栈非空,则返回栈顶元素,否则返回 null。

处理过程 判栈是否为空栈,若为空栈,则返回 null,否则返回栈顶元素。

具体程序代码如下。

```
public Object gettop() {
        if(top==-1) return null;
        else return(elem[top]);}
```

任务 3 链栈

任务导入

链栈任务实例 在链栈类中增设一个成员函数,其功能为对链栈中的所有数据元素进行逆置,同时编制一个主程序,对该成员函数的功能进行测试。

具体程序如下。

```
public interface Stack {
  public void clear();
  public int leng();
  public boolean full();
  public boolean empt();
  public boolean push(Object el);
  public Object pop();
  public Object gettop();
}
class Node {
  Object data;
  Node next;
  public Node(Object d,Node n){
    data=d;
```

```
    next=n;}
  public Node(){
    this(null,null);
    }
    public Object getdata(){
      return data;
    }
    public void setdata(Object el){
      data=el;
    }
    public Node getnext(){
       return next;
     }
     public void setnext(Node p){
       next=p;
     }
}
    class LinkStack implements Stack{
    Node top;
    public LinkStack(){
      top=null;
    }
    public void clear(){
      top=null;
    }
    public int leng(){
      Node p;
      int i=0;
      p=top;
      while(p!=null){
        p=p.next;
        i++;
      }
      return i;
    }
     public Object pop(){
       Object el;
       if(top==null)return null;
       else{
       el=top.data;
       top=top.next;
       return(el);
      }
```

```
    }
    public Object gettop(){
      if(top==null)return null;
      else{
      return(top.data);
    }
  }
  public boolean push(Object el){
    Node p;
    p=new Node(el,top);
    top=p;
    return true;
  }
  public boolean empt(){
     return top==null;
  }
  public boolean full(){
     return false;
  }
    }
```

程序运行结果如下。

```
elem= a
elem= b
elem= c
```

知识点

1. 链栈的存储结构

以上我们讨论了栈的顺序存储结构，这种存储方式所存在的问题是要预先为它确定存储空间的大小，当栈的最大容量难以事先估计时，最好采用链表作为存储结构。

采用链式存储结构的栈简称为链栈，如图 3.4 所示。在链栈中，链尾元素相当于栈底元素，链头元素相当于栈顶元素，入栈操作相当于从链头插入一个元素，出栈操作相当于从链头删除一个元素。因此，在这种存储结构下，栈的操作非常容易实现。

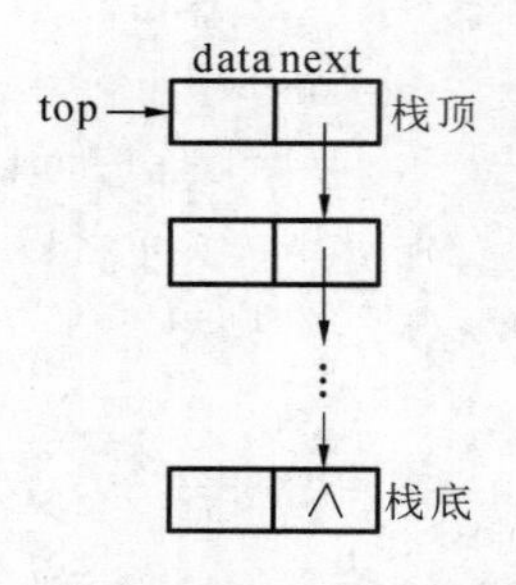

图 3.4　链栈示意图

为了表示栈的链式存储结构，先要定义存放数据元素的结点类型，然后就可以定义一个属于这种类型的引用变量并使其引用头结点来表示一个栈。假设结点类型名为 Node，结点类型中数据域名为栈底 data，引用域名为 next，数据元素的类型为 Object，则结点类的定义可表示如下。

```
    class Node{
        Object data;
        Node next;…
        };
```

在定义了链栈的结点类 Node 之后，就可用一个 Node 型的引用变量来表示链栈。例如：

```
Node top;
```

当 top 等于 null 时，这个栈就成为空栈；当 top 不等于 null 时，就可以通过引用变量 top 来访问栈顶元素。对于链栈，由于元素结点是动态生成的，因此一般不会出现栈满的情形，只有当整个可用空间都被占满，p＝new Node()都无法执行的情形下才会发生上溢。

2. 链栈的类定义及实现

Stack 抽象类可以用链式存储方式来实现，所派生的实现类命名为链栈类 LinkStack。在链栈 LinkStack 的类定义中，其数据部分包括一个以链表形式存储的栈，可以用一个指向栈顶的引用变量来表示它，我们将其取名为 top，其类型为 Node。结点类 Node 中的数据包括结点中的元素值及指向下一个结点的引用值，其构造函数有两个参数 d 和 n，分别设置到这两个数据中。

构造函数 LinkStack()用于生成一个空的链栈，类中其余成员函数的功能均由抽象类 Stack 中的定义确定。综上所述，结点类 Node 及链栈类 LinkStack 的定义如下。

```
class Node{
  Object data;
  Node next;
  public Node(Objcct d.Node m){data=d; next=n;}
  public Node(){ this(null,null);}
    public Object getdata(){return data;}
    public void setdata(Object el){
    data=el;
  }
  public Node getnext(){
     return next;
  }
  public void setnext(Node p){
    next=p;
  }
}
  class LinkStack implements Stack{
  Node top;
  public LinkStack(){
   top=null;
  }
public void clear(){
   top=null;
}
```

```
public int leng(){
   Node p;
   int i=0;
   p=top;
   while(p!=null){
     p=p.next;
     i++;
   }
  return i;
}
public Object pop(){
  Object el;
  if(top==null)return null;
  else{
   el=top.data;
   top=top.next;
   return(el);
  }
}
public Object gettop(){
  if(top==null)return null;
  else{
   return(top.data);
  }
}
public boolean push(Object el){
  Node p;
  p=new Node(el,top);
  top=p;
  return true;
}
public boolean empt(){
  return top==null;
}
public boolean full(){
  return false;
}
}
```

在上述类定义中定义的构造函数及成员函数 empt()、full()、clear()的实现过程比较简单，下面就着重讨论在链式存储结构下，栈的入栈、出栈等操作的实现。

1）入栈操作

```
boolean push (Object el)
```

函数功能 在当前链栈中插入元素 el,使 el 成为栈顶元素。

处理过程 ① 生成一个新的结点,并令其元素值为 el;② 将该结点从栈顶插入到链栈中。

具体程序代码如下。

```
public boolean push (Object el){
  Node p;
  p=new Node(el,top);
  top=p;
  return true;}
```

2) 出栈操作

```
Object pop()
```

函数功能 从当前链栈中弹出栈顶结点并返回该结点中的数据元素。

处理过程 ① 判链栈是否为空,若为空栈,则返回空元素;② 保存栈顶结点的数据元素于 el,并修改栈顶指针使其指向其后继;③ 置返回函数值为 el。

具体程序代码如下。

```
public Object pop() {
  Object el;
  if(top==null)return null;
  else {
  el=top.data;
  top=top.next;
  return(el);}
}
```

3) 取栈顶操作

```
Object gettop()
```

函数功能 返回当前链栈中栈顶结点中的数据元素。

处理过程 ① 判链栈 s 是否为空,若为空栈,则返回空元素;② 返回栈顶结点中的数据元素。

具体程序代码如下。

```
public Object gettop(){
  if (top==null) return null;
  else return(top.data);}
```

4) 求元素个数

```
int leng()
```

函数功能 求当前链栈中的元素个数。

处理过程 从链头开始顺链逐次后移结点并同时计数,直至到达链末返回计数值。

具体程序代码如下。

```
public int leng(){
  Node p; int i;p=top; i=0;
while (p! =null){
  p=p.next; i++;};
return i;
}
```

习题3

一、填空题

1. 向栈中压入元素的操作是________。
2. 对栈进行退栈时的操作是________。
3. 一个栈的输入序列是 12345，则栈的输出序列 43512 是________。
4. 一个栈的输入序列是 12345，则栈的输出序列 12345 是________。
5. 在栈顶指针为 HS 的链栈中，判定栈空的条件是________。

项目 4 队列

知识目标

(1) 掌握队列的逻辑结构及两种不同的存储结构。

(2) 掌握队列在顺序存储结构及链式存储结构上实现基本操作(如查找、插入、删除等)的算法及分析。

(3) 能够针对具体应用问题的要求与性质,选择合适的存储结构设计出有效算法,解决与队列相关的实际问题。

能力目标

(1) 培养学生运用所学理论解决实际问题的能力。

(2) 培养学生实际动手调试 Java 程序能力。

本项目讨论线性结构中的队列。与线性表一样,队列也是一种线性的数据结构,因此从数据结构的角度来看,队列就是一种线性表。但与一般的线性表所不同的是,对队列所施行的操作只能限定在表头及表尾进行,因此从数据类型的角度来看,队列是一种独立的抽象数据类型。队列的数据元素之间呈线性关系,其主要操作有进队列、出队列和取队头元素等。

任务 1 队列的相关概念及抽象数据类型

1. 队列的相关概念

数据结构中所定义的队列与日常生活中的排队类似。在日常生活中,有许多“先来先服务”的例子。例如,在银行排队等待取款的事件,或者在公共汽车站排队等车事件等。在这些排队事件中,新来的成员总是加入在队尾,而每次离开的成员总是队列头部的成员,即入队在队尾进行,而出队在队头进行。

队列是限定只能在表的一端进行插入,而在表的另一端进行删除的线性表。在表中允许插入的一端称为队尾(rear),允许删除的一端称为队头(ron),向队尾插入一个元素的操作称为入队(enque),从队头取出一个元素的操作称为出队(dique)。随着入队、出队操作的执行,队列的队头、队尾也不断随之改变。由于队列的操作具有“先进先出”的特点,因此队列又称为先进先出表(first in first out,FIFO)。

在图 4.1 所示的队列中,a_1 是队头元素,a_n 是队尾元素。队列中的元素以 $a_1,\cdots,a_n$ 的顺序进队列,如果对这个队列执行入队操作,入队元素为 a_n,则该队列的队尾元素就变为 a_n,

如果对这个队列执行出队操作，则队列的队头元素 a_1 从队列中取出，当前的队头元素就变为 a_2。

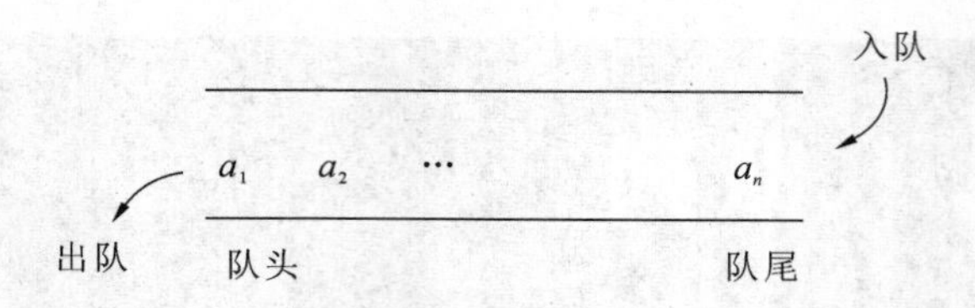

图 4.1　队列结构示意图

一般，一个队列是由 n 个元素组成的有序序列，可记为：

$$Q = (a_1, a_2, \cdots, a_i, \cdots, a_n)$$

其中，每个 a_i 都是队列 Q 的数据元素，数据元素可以是各种类型，但必须属于同一种数据元素类。

从银行排队等待取款的实例中我们可以看出，队列的操作与排队、离队的动作非常相似，入队操作就相当于来了一位新的顾客在队尾排队等候的事件，而出队操作就相当于取款后离队的事件。除了入队（enque）、出队（dlque）操作以外，队列的操作通常还包括清空（clear）、求当前元素个数（length）、判断是否为空队列（empty），以及取队头元素（get first）等。

综上所述，队列是一种数据类型，其数据元素之间呈线性关系，其操作的特点是“先进先出”，主要操作有入队、出队和取队头元素等。

队列在程序设计中也经常使用。一个最典型的例子就是操作系统中的作业排队。在允许多道程序运行的计算机系统中，作业输入后通常处于后备状态，由操作系统中的作业调度程序将作业调入执行。作业调度程序可以采用不同的调度策略，其中最简单的调度策略就是“先来先服务”，也就是要使用一个队列来实现这种调度策略。同样在作业执行后输出时也要按请求输出的先后次序排队。作业输出统一由操作系统中的输出程序去执行，每当输出程序传输完毕可以接收新的输出任务时，队头的输出作业从队列中取出进行输出操作。凡是请求输出的作业都从队尾进入队列。

此外，在一些算法中也经常使用队列。例如，在图的遍历的非递归算法中，要使用一个“层次队列”来存放已访问的上层元素，由此来实现对下层元素的依次访问。在本项目中将要介绍的应用实例中，要使用一个“循环队列”来依次求得杨辉三角形各行的元素。

2. 队列的抽象数据类型描述

与线性表、栈的情形类似，我们可以定义队列的抽象数据类型。一种数据类型的 ADT 定义由数据元素、结构关系及基本操作三部分组成。队列的抽象数据类型可描述如下。

（1）数据元素：可以是各种类型的数据，但必须同属于一个数据元素类。

（2）结构关系：队列中的 n 个元素呈线性关系。

（3）基本操作：对队列可执行以下基本操作。

- Initiate(Q)　构造一个空队列 Q。
- Clear(Q)　将队列 Q 清空。
- Length(Q)　求队列的长度。函数值为给定队列 Q 中数据元素的个数。
- Empty(Q)　判空队列。若 Q 为空队列，则返回布尔值 true；否则返回布尔值 false。

● Full(Q)　判队列满。若队列 Q 满，则返回布尔值 true；否则返回布尔值 false。

● EnQueue(Q,x)　入队列操作。在队列 Q 的尾部插入元素 x。若队列 Q 不满，则元素 x 成为插入前队尾元素的后继，即 x 为新的队尾元素。

● DlQueue(Q)　出队列操作。若队列 Q 非空，则删除队头元素并返回该元素，且其后继为新的队头元素，否则返回函数值为空元素 null。

● GetFirst(Q)　取队头操作。若队列 Q 非空，则返回函数值为队头元素；否则返回函数值为空元素 null。

3. 队列的接口定义

为了在面向对象应用程序中使用队列的功能，我们要将队列的 ADT 定义转化为类定义，并通过创建队列的实例来实现应用程序的功能。

在本节中我们先将队列这种抽象的数据类型定义成一个接口，然后再结合某一种具体的存储方式加以实现。采用这种实现方式可以使应用程序具有更好的可读性与可维护性。

对抽象数据类型队列定义 Queue 接口。在接口中不考虑数据的存储方式，对于 ADTQueue 中的每一个操作，在接口中表示成一个接口函数。由于这些函数都是类中的成员函数，因此操作中没有必要设置表示队列的参数，但须按各种操作的功能确定函数的返回类型。综上所述，队列接口 Qucue 可定义如下。

```
public interface Queue {
    public void clear();
    public int leng();
    public boolean full();
    public boolean empt();
    public boolean enque (Object el);
    public Object dlque();
    public Object getf();
}
```

Queue 接口的定义为队列的使用提供了统一的接口，但在实现时须考虑具体的存储方式。不同的存储方式可派生 Queue 接口的不同实现类。按链式存储结构建立起来的队列称为链队列，按顺序存储结构建立起来的队列称为顺序队列(包括循环队列)。

下面我们就分别介绍链队列 LinkQueue 与顺序队列 SqQueue 的类定义。

任务 2　链队列

采用链式的存储方式存储的队列称为链队列。由此建立一个实现类，实现队列抽象类中定义的各接口函数的功能，该实现类称为链队列类。

任务导入

链队列任务实例　显示队列中的元素。设置一个函数，使用队列接口中的接口函数实现显示队列中的所有数据元素的功能。同时编制一个主函数，对该函数的功能进行测试。

具体程序如下。

```
public interface Queue {
   public void clear();
   public int leng();
   public boolean full();
   public boolean empt();
   public boolean enque(Object el);
   public Object dlque();
   public Object getf();
}
class Node {
  Object data;
  Node next;
  public Node(Object d,Node n){
    data=d;
    next=n;
  }
  public Node(){
    this(null,null);
  }
  public Object getdata(){
    return data;
  }
  public void setdata(Object el){
    data=el;
  }
  public Node getnext(){
    return next;
  }
  public void setnext(Node p){
    next=p;
  }
}
class LinkQueue implements Queue
{
  Node front,rear;
  public LinkQueue()
  {
      front=rear=new Node();
  }
  public void clear() {
    front.next=null;
```

```
    rear=front;
  }
  public  int leng() {
    Node p;int i;
    p=front.next;i=0;
    while(p!=null) {i++;p=p.next;}
    return i;
  }
  public boolean full() {return false;}
  public boolean empt() {return front==rear;}
  public boolean enque(Object el) {
    Node p;
    p=new Node(el,null);
    rear.next=p;rear=p;
    return true;
  }
  public Object dlque() {
    Node s;
    if(front==rear)return null;
    else {
        s=front.next;
        front.next=s.next;
        if(s.next==null)rear=front;
        return s.data;}
  }
  public Object getf() {
    Node s;
    if(front==rear)return null;
    else return front.next.data;
  }
  static void print(Queue q) {
    LinkQueue lq1=new LinkQueue();
    Object ob;
    while(!q.empt()) {
    ob=q.dlque();
        System.out.print(ob.toString()+ " ");
    lq1.enque(ob);}
   System.out.println();
   while(!lq1.empt())
    q.enque(lq1.dlque());
  }
  public static void main(String[] args) {
    LinkQueue lq=new LinkQueue();
```

```
    lq.enque(new Character('w'));
    lq.enque(new Character('x'));
    print(lq);
  }
}
```

程序运行结果如下。

```
w  x
```

知识点

1. 链队列的存储结构

采用链式的存储方式存储的队列称为链队列。由此建立一个实现类，实现队列抽象类中定义的各接口函数的功能，该实现类称为链队列类。

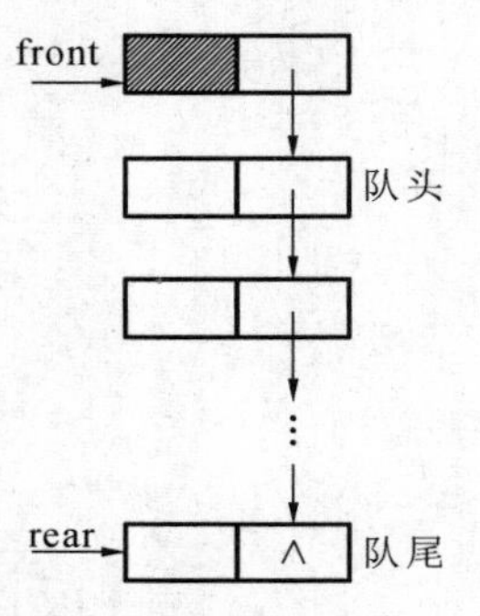

图 4.2　链队列示意图

我们已经知道，对于使用中数据元素的个数难以事先估计而又进出变动较大的数据结构，采用链式存储结构比采用顺序存储结构更为有利。显然，队列也可以采用这种存储方式，如图 4.2 所示。对于一个链队列，显然需要设置两个指针，分别指向该队列的队头和队尾(分别称为头指针和尾指针)，反之，头指针和尾指针可以唯一地确定一个链队列。在链队列中，链尾元素相当于队尾，链头元素相当于队头，链头指针相当于队头指针。

一般为了操作方便起见，我们也给链队列增加一个头结点，并令头指针指向头结点。由此，空的链队列的判决条件为头指针和尾指针均指向头结点，如图 4.3(a)所示。

链队列的操作即为单链表的插入和删除的特殊情形，入队操作相当于从链尾插入一个元素，出队操作相当于从链头删除一个元素。入队、出队操作均可通过修改尾指针或头指针来实现，图 4.3(b)至图 4.3(d)展示了进行这两种操作时的指针变化情况。

如前所述，链队列可以由头指针与尾指针唯一确定，因此在链队列类的数据成员中应该包括一个表示头结点的引用变量与一个表示尾节点的引用变量，如图 4.4 所示。

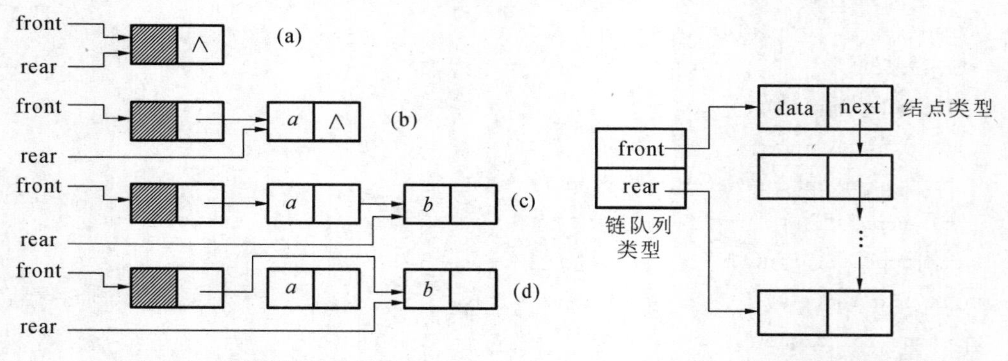

图 4.3　链队列指针变化状况　　　　**图 4.4　链队列数据结构**

存放队列中数据元素的结点类使用 Node。假设链队列的头结点的引用和尾节点的引用分别用 front 和 rear 表示，则链队列类 LinkQueue 可定义如下。

```
Class LinkQueue implements Queue{
  Node front,rear;
  …}
```

在程序中使用的链队列可以用一个 LinkQueue 型变量来表示,例如:

```
LinkQueue lq1;
```

当 lq1. front＝lq1. rear 时,这个队列就成为空队列;否则,lq1. front. next 引用对头结点,而 lq1. rear 引用队尾结点。与链栈的情形相同,链队列一般不会出现队列满的情形,除非整个可用空间都被占满时才会发生上溢。

2. 链队列的类定义及实现

Queue 抽象类可以用链式存储方式来实现,所派生的链队列类命名为 LinkQueue。

在链队列 LinkQueue 的类定义中,其数据部分应包括一个以链表形式存储的队列,队头队尾分别用一个引用变量来表示,分别取名为 front 与 rear,其类型为结点类型 Node。结点类 Node 中的数据包括结点中的元素 data 及指向下一结点的指针 next,其构造函数有两个参数 d 和 n 分别设置到这两个数据成员中。变量 front 与 rear 作为私有变量封装在这个类中,外界的程序不能访问这个变量,但在这个类定义之内,所有的成员函数都能访问它。类中所定义的操作是该类向外界提供的接口,因此被定义成公用型。

构造函数 LinkQueue() 用于生成一个空队列,类中其余成员函数的功能均由抽象类中的定义确定。综上所述,链队列类 LinkQueue 可定义如下。

```
class LinkQueue implements Queue
{
    Node front,rear;
    public LinkQueue()
    {
      front=rear=new Node();
    }
public void clear() {
  front.next=null;
  rear=front;
}
public int leng() {
  Node p;int i;
  p=front.next;i=0;
  while(p!=null) {i++;p=p.next;}
  return i;
}
public boolean full() {return false;}
public boolean empt() {return front==rear;}
public boolean enque(Object el) {
  Node p;
  p=new Node(el,null);
  rear.next=p;rear=p;
```

```
    return true;
  }
  public Object dlque() {
    Node s;
    if(front==rear)return null;
    else {
      s=front.next;
      front.next=s.next;
      if(s.next==null)rear=front;
      return s.data;
    }
  }
  public Object getf() {
    Node s;
    if(front==rear)return null;
    else return front.next.data;
  }
```

在这个类的实现中，清空操作 clear()、判队列满 full()及判空队列 empt()的处理过程较简单，下面就着重讨论该类定义中的构造函数及入队列、出队列等操作的实现。

1）构造函数

```
LinkQueue()
```

函数功能 生成一个附加结点，由 front 及 rear 引用，并将该结点的引用域设置为 null。

具体程序代码如下。

```
public LinkQueue() {
Front=rear=new Node();
}
```

注意：

上述程序中调用了 Node 类的无参构造函数生成一个结点，结点中的数据域 data 和引用域 next 均被设置成 null。

2）求队列长度

```
int leng()
```

函数功能 返回链队列中所含元素的个数。

处理过程 顺链结点后移并计数，直至链末返回计数值。

具体程序代码如下。

```
public int leng() {
  Node p; int i;
  p=front.next; i=0;
  while (p!=null) {i++ ; p= p.next; }
```

```
    return i;
}
```

3）入队列操作

```
boolean enque (Object el)
```

函数功能 在链队列中插入新的队尾元素 el。

处理过程 ① 生成一个元素值为 el 的新结点；② 将该结点从队尾插入队列。

具体程序代码如下。

```
pubic boolean enque (Object el){
  Node p;
  p= new Node(el,null);
  rear.next= p; rear= p;
  return true;
}
```

4）出队列操作

```
Object dlque()
```

函数功能 若链队列非空，则从 q 中取出队头元素并返回该元素；否则返回空元素 null。

处理过程 如图 4.5 所示，若链队列为空，则返回空元素 null。否则：① 删除队头元素，即使头结点中的引用变量引用队头的下一个结点；② 若删除后成为空队列，则使头尾引用值相同；③ 取删除结点的元素值并返回。

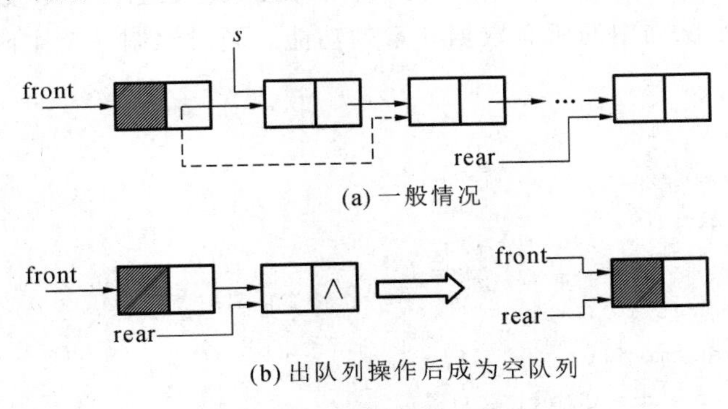

图 4.5　出队列操作

具体程序代码如下。

```
public Object dlque() {
Node s;
if (front=rear) return null;
    else {
      s=front.next; front.next=s.next;
      if (s.next==null) rear=front;
      return s.data;
      }
}
```

5）取队头元素

```
public Object getf()
```

函数功能 若链队列非空，则返回队列中的队头元素；否则返回空元素 null。

处理过程 若链队列为空，则返回 null；否则返回队列中的队头元素。

具体程序代码如下。

```
public Object getf(){
  Node s;
  if (front==rear) return null;
  else return font.next.data;
}
```

任务 3 循环队列

采用顺序的存储方式存储的队列称为顺序队列，当采用循环顺序存储方式存储的队列称为循环队列。由此建立一个实现类，实现队列抽象类中定义的各接口函数的功能，该实现类称为循环队列类。

任务导入

循环队列任务实例 显示循环队列中的元素。设置一个函数，使用队列接口中的接口函数实现显示队列中的所有数据元素的功能。同时编制一个主函数，对该函数的功能进行测试。

具体程序如下。

```
public interface Queue {
   public void clear();
   public int leng();
   public boolean full();
   public boolean empt();
   public boolean enque(Object el);
   public Object dlque();
   public Object getf();
}
public class SqQueue implements Queue{
   Object[] elem;
   int front,rear;
   int len;
   public SqQueue() {
     this(100);
   }
   public SqQueue(int maxsz) {
     len=maxsz;
```

```
    elem=new Object[len];
    front=rear=0;
  }
  public void clear() {
    front=rear=0;
  }
  public int leng() {
    return(rear-front+len)% len;
  }
  public boolean empt() {
    return rear==front;
  }
  public boolean full() {
    return ((rear+1) % len==front);
  }
  public boolean enque(Object el) {
    if((rear+1) % len==front)return(false);
    else {
      elem[rear]=el;
      rear=(rear+1) % len;
      return(true);
    }
  }
  public Object dlque() {
    Object el;
    if(rear==front)return null;
    else {
      el=elem[front];
      front=(front+1) % len;
      return(el);
    }
  }
  public Object getf() {
    if(rear==front)return null;
    else return(elem[front]);
  }
  public static void main(String[] args) {
    SqQueue sq=new SqQueue();
    sq.enque(new Character('w'));
    sq.enque(new Character('h'));
    sq.enque(new Character('y'));
    sq.dlque();
    while(!sq.empt());
```

```
        String str=(sq.dlque()).toString();
        System.out.print(str);
    }
}
```

程序运行结果如下。

```
wh  y
```

知识点

1. 队列的顺序存储结构

尽管链队列使用起来操作方便，但由于链表中的每一个结点都设置了一个指针域，因此，它比顺序存储方式要多占用一些存储空间。在有的情况下，仍需要使用顺序存储结构来实现表示队列。用顺序存储方式存储的队列称为顺序队列。由此建立一个实现类，实现队列抽象类中定义的各接口函数的功能，该实现类称为顺序列类。

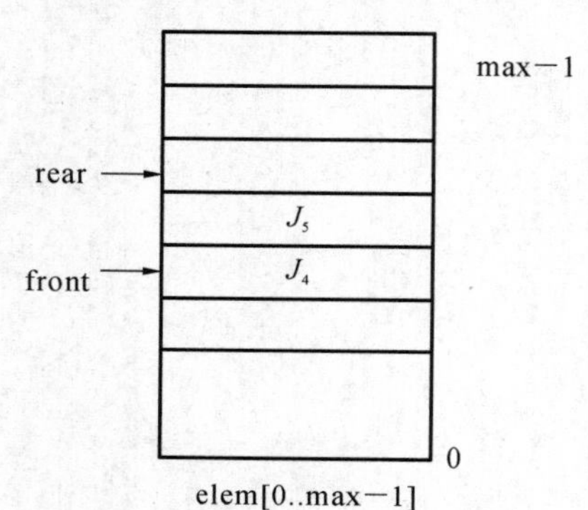

图 4.6　顺序队列的存储结构

队列的顺序存储结构是指使用一组地址连续的存储单元来依次存放队列中的数据元素，除了用一个能容纳最多元素个数的向量以外，还需要两个整型指示器分别指向队头元素和队尾元素。通常可使用一个一维数组 elem[max]来存储队列中的数据元素，使用两个整型指示器 front 与 rear 分别表示队头元素和队尾元素的位置。顺序队列的存储结构形式如图 4.6 所示。

在图 4.6 中，front 指示器指向队头元素的位置，而 rear 指示器指向队尾元素的后一个位置，在执行入队出队操作时先取出或送入元素，然后再修改指示器。也可以采用另外一种方案：使 front 指示器指向队头元素的前一个位置，而使 rear 指示器指向队尾元素的位置，这就要在执行入队、出队操作时先修改指示器，再取出或送入元素。图 4.7(a)至图 4.7(d)展示了对这种顺序队列在执行入队、出队操作时头尾指示器的变化情况。

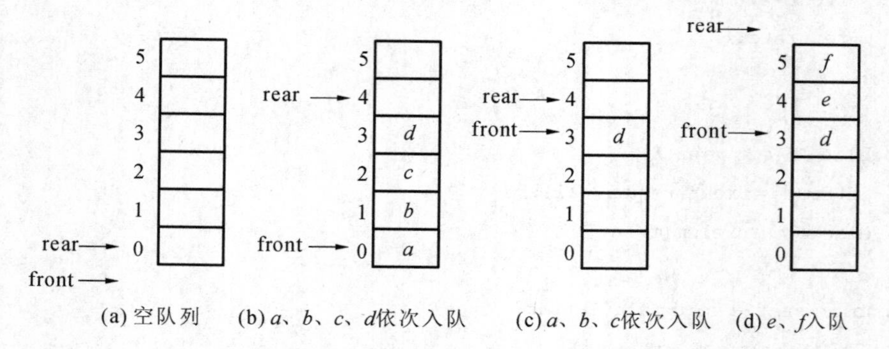

图 4.7　顺序队列中头尾指示器的变化

对于一般的顺序队列，我们可以用 front＝rear 作为判别队列是否为空的条件；用 rear≥max 作为判别队列是否为满的条件。

当队列非空时，可执行如下的出队操作：

```
data=elem[front++];
```

当队列非满时，可执行如下的入队操作：

```
elem[rear++]=data;
```

在这里值得考虑的是：当 rear≥max 时，队列是否真正为满？假设当前队列是处在图4.7(d)所示的状态，即 max＝6，rear＝6，front＝3，显然此时不能再进行入队列的操作，因为rear＝max，但队列中实际容量不是最大，这种现象称为假溢出。当然，在发生假溢出时可以将全部元素向前移动直至 front 指示器为 0，但这样处理效率太低。一个比较好的办法是将队列设想成首尾相接的环，一端放满时再从另一端存入，只要尾指针不与头指针相遇，该队列即可使用下去。这就是我们所讲的循环队列。

图 4.8 所示的是一个循环队列的示意图。在这个示意图中，循环队列的长度 max＝8，队列中元素的序号在 0～7 之间变化，7号元素的后面又是 0 号元素。队列中的元素按顺时针的方向进入队列，front 指针指向队头元素，而 rear 指针指向队尾元素的后一个位置，即下一次即将存入的元素位置。

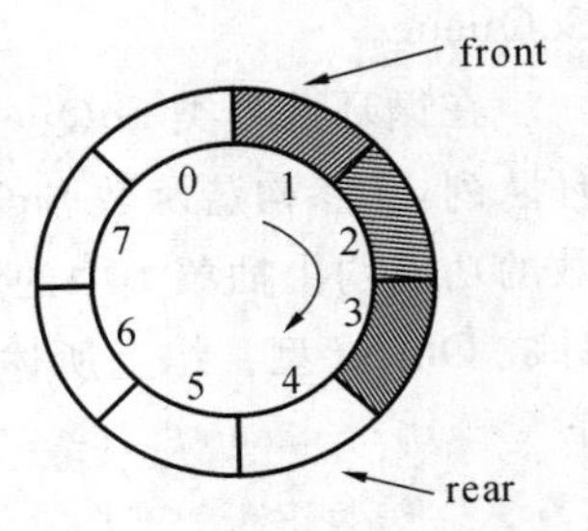

图 4.8　循环队列示意图

对于循环队列，当头指示器和尾指示器相等时，队列为空队列，但当队列的元素都存满时，头、尾指示器也正好相等。为了能区分这两种不同的状态，规定循环队列少用一个元素空间，以尾指示器加 1 等于头指示器为判别队列满的条件。图 4.9 所示为循环队列的各种状态与头、尾指示器的关系。

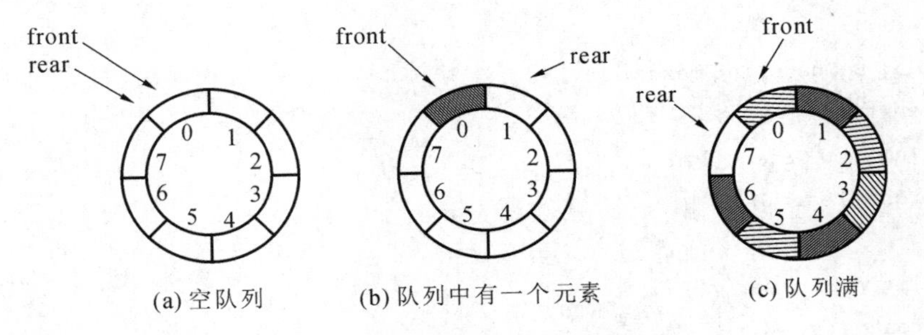

图 4.9　循环队列的头、尾指示器

另外，对于循环队列，无论是头指示器还是尾指示器，在对其进行加 1 处理时，都要考虑对结果取模。综上所述，我们可以用 front＝rear 作为判别队列是否为空的条件，用(rear＋1) % max＝front 作为判别队列是否为满的条件。

当队列非空时，可执行如下的出队操作：

```
data=elem[front];
front=(front+ 1)%max;
```

当队列非满时，可执行如下的入队操作：

```
elem[rear]=data;
rear=(rear+1)%max;
```

如前所述，在队列的顺序存储结构中，应该包括一个存储数据元素的二维数组，设数组名为 elem，其元素类型为 Object，数组的长度用 len 表示，另外还应包括两个整型指示器 front 和 rear，分别指向队头和队尾的位置。使用 Java 语言，我们可以定义以下的存储结构来表示顺序队列或循环队列。

```
class SqQueue implements Queue{
  Object[] elem;
  int front,rear;
  int len;
   ….}
```

2. 循环队列类的定义及实现

循环队列使用顺序存储方式,其特点是用一片连续的存储区域来依次存储队列中的各个元素。Queue 抽象类可以用顺序存储方式来实现,所派生的实现类命名为循环队列类 SqQueue。

在循环队列类 SqQueue 中,构造函数 SqQueue (int maxsz)用于生成一个指定长度的循环队列,无参构造函数 SqQueue()用于生成一个长度为默认值的循环队列,类中其余成员函数的功能均由抽象类中的定义确定。为了提高类的适应性,将循环队列类中的元素类型设计成 Object 型。综上所述,循环队列类 SqQueue 的定义如下。

```
public class SqQueue implements Queue{
  Object[] elem;
  int front,rear;
  int len;
  public SqQueue() {
    this(100);
  }
  public SqQueue(int maxsz) {
    len=maxsz;
    elem=new Object[len];
    front=rear=0;
  }
  public void clear() {
    front=rear=0;
  }
  public int leng() {
    return(rear-front+len)% len;
  }
  public boolean empt() {
    return rear==front;
  }
  public boolean full() {
    return ((rear+1) % len==front);
  }
  public boolean enque(Object el) {
    if((rear+1) % len==front)return(false);
    else {
      elem[rear]=el;
```

```
      rear=(rear+1) % len;
      return(true);
      }
   }
   public Object dlque() {
     Object el;
     if(rear==front)return null;
     else {
       el=elem[front];
       front=(front+1) % len;
       return(el);
     }
   }
   public Object getf() {
     if(rear==front)return null;
     else return(elem[front]);
   }
 public Object gets() {
     if((rear==front) || (rear==front+1))return null;
     else return(elem[front+1]);
     }
 }
```

在上述类定义中，构造函数、clear()、leng()、empt()及 full()操作的实现代码比较简单，下面就着重讨论循环队列的入队列、出队列等操作的实现。

1）入队操作

循环队列的入队操作可表示为：

```
boolean enque (Object el)
```

其中：参数 el 表示入队列的元素，其类型为 Object，该操作返回一个布尔型的函数值，表示队操作是否执行成功。

函数功能 在循环队列中插入元素 el，若循环队列未满，则插入 el 为新的队尾元素并返回数值 true；否则队列的状态不变且返回函数值 false。

处理过程 ① 判断是否队列满，若队列满，则返回 false；否则执行②；② 将 el 从队尾插入队列，尾指示器加 1 并返回 true。

具体程序代码如下。

```
public boolean enque (Object el){
  if( (rear+1)%len=front) return(false);
  else {
    elem[rear]=el;
    rear=(rear+1)%len;
    return(true);
    }
```

```
}
```

2）出队操作

循环队列的出队操作可表示为：

```
Object dlque()
```

该操作是一个无参函数，其返回值表示从队列中取出的队头元素。

函数功能 若循环队列非空，则从队列中取出队头元素并返回该元素；否则返回空元素 null。

处理过程 ① 判队列是否为空队列，若为空队列，则返回 null；否则执行②；② 保存队头元素，头指示器加 1 并返回队头元素。

具体程序代码如下。

```
public Object dlque(){
  Object el;
  if (rear==front) return null;
  else {
    el=elem[front];
    front=(front+1) %  len;
    return(el);
    }
}
```

3）取队头元素

```
Object getf()
```

函数功能 若循环队列非空，则返回队列中的队头元素；否则返回空元素 null

具体程序代码如下。

```
public Object getf() {
    if(rear=front) return null;
    else return(elem[front]);
}
```

习题4

一、填空题

1. 向栈中压入元素的操作是________。
2. 对栈进行退栈时的操作是________。
3. 在一个循环队列中，队首指针指向队首元素的________。
4. 从循环队列中删除一个元素时，其操作是________。
5. 在具有 n 个单元的循环队列中，队满时共有________个元素。
6. 一个栈的输入序列是 12345，则栈的输出序列 43512 是________。
7. 一个栈的输入序列是 12345，则栈的输出序列 12345 是________。
8. 在栈顶指针为 HS 的链栈中，判定栈空的条件是________。

二、选择题

1. 一个栈的入栈序列 a,b,c,d,e,则栈的不可能的输出序列是(　　)。

A. edcba　　B. decba　　C. dceab　　D. abcde

2. 若栈采用顺序存储方式存储,现两栈共享空间 v[1,…,m],top[i]代表第 i 个栈(i=1,2) 栈顶,栈 1 的底在 v[1],栈 2 的底在 v[m],栈满的条件是(　　)。

A. top[2]－top[1]＝0　　B. top[1]＋1＝top[2]

C. top[1]＋top[2]＝m　　D. top[1]＝top[2]

3. 若已知一个栈的入栈序列是 1,2,3,…,n,其输出序列为 $p_1,p_2,p_3,\cdots,p_n$,若 $p_l=n$,则 p_i 为(　　)

A. i　　B. $n-i$　　C. $n-i+1$　　D. 不确定

4. 栈结构通常采用的两种存储结构是(　　)。

A. 顺序存储结构和链式存储结构　　B. 散列方式和索引方式

C. 链表存储结构和数组　　D. 线性存储结构和非线性存储结构

5. 判定一个栈 ST(最多元素为 m_0)为空的条件是(　　)。

A. ST. top! ＝－1　　B. ST. top＝＝－1

C. ST. top! ＝m_0－1　　D. ST. top＝＝m_0－1

6. 判定一个栈 ST(最多元素为 m_0)为栈满的条件是(　　)。

A. ST. top! ＝－1　　B. ST. top＝＝－1

D. ST. top! ＝m_0－1　　D. ST. top＝＝m_0－1

7. 一个栈的特点是(　　),队列的特点是(　　)。

A. 先进先出　　B. 先进后出　　C. 后进先出　　D. 后进后出

8. 若一个队列的入列序列是 1,2,3,4,则队列的输出序列是(　　)。

A. 4,3,2,1　　B. 1,2,3,4　　C. 1,4,3,2　　D. 3,2,4,1.

9. 判定一个循环队列 QU (最多元素为 m_0)为空的条件是(　　)。

A. front＝＝rear　　B. front! ＝rear

C. front＝＝(rear＋1)%m_0　　D. front＝＝!(rear＋1)%m_0

10. 判定一个循环队列 QU (最多元素为 m_0)为满的条件是(　　)。

A. front＝＝rear　　B. font! ＝rear

C. front＝＝(rear＋1)%m_0　　D. front! ＝(rear＋1)%m_0

11. 循环队列用数组 A[0,m－1]存放其元素值,已知其头尾指针分别是 front 和 rear,则队列中的元素个数是(　　)

A. (rear－front＋m)%m　　B. rear－front＋1

C. rear－front－1　　D. rear－front

12. 从一个栈顶指针为 HS 的链栈中删除一个结点时,用 x 保存被删结点的值,则执行(　　)。(不带空的头结点)

A. x＝HS; HS＝HS. next;　　B. x＝HS. data;

C. HS＝HS. next; x＝HS. data;　　D. x＝HS. data; HS＝HS. next;

三、综合题

请举出至少三种堆栈、队列的常见应用。

项目5 串

知识目标

(1) 掌握串的逻辑结构及存储结构。

(2) 掌握实现串的常见基本操作算法及分析。

(3) 能够针对具体应用问题的要求与性质,选择合适的存储结构设计出有效算法,解决与串相关的实际问题。

能力目标

(1) 培养学生运用所学理论解决实际问题的能力。

(2) 培养学生实际动手调试 Java 程序的能力。

计算机已被大量用来处理非数值计算问题,如信息检索、文字编辑、自然语言翻译等。这些问题中所涉及的处理对象多数是字符串数据。字符串一般简称为串。在早期的程序设计语言中就已经引入了串的概念,但其往往以常量的形式作为输入和输出的参数,并不参与运算。随着计算机语言的发展,产生了字符串处理,字符串作为一种变量类型出现在各种程序设计语言中。与此同时,也产生了一系列有关字符串的基本操作。本项目主要讨论串的相关概念及抽象数据类型,并给出了串的应用实例。

任务1 串的相关概念

1. 串的基本概念

在各种高级语言的编译程序中,源程序和目标程序都被处理成字符串数据,各源程序编辑器的功能强弱有差异,但其基本操作是一致的,一般都包括串的查找、插入及删除等。例如,在项目 chap5proj 中新建一个类 Str(),系统自动生成以下的代码。

```
package chap5proj;
  public class Str() {
  }
```

这段程序可看成:一个字符串 package chap5proj,“;”换行符,字符串 public class Str(),“{”换行符,“}”换行符。

在信息检索中,当向检索系统提交检索关键字后,计算机将查找所有包含检索关键字的信息,并按要求做进一步的处理。一个检索关键字就是一个字符串,如“计算机”、“数据结构”等。按关键字进行检索实质上就是对字符串进行查找与匹配。在事务处理程序中，顾客的姓名和地址以及货物的名称、产地和规格等一般也是作为字符串处理的。

一般地，串（字符串）被定义为由零个或多个字符组成的有限序列。记为：

$$s = \text{“}a_1a_2\cdots a_n\text{”} \quad (n \geqslant 0)$$

其中，s 是串名，也称为串变量。引号内的字符序列为串值：$a_i(1 \leqslant i \leqslant n)$可以是字母、数字或其他字符。串中字符的数字 n 称为串的长度。零个字符的串称为空串(null string)，其长度为 0。

串中任意数量的连续字符组成的子序列称为该串的子串。包含子串的串相应地称为主串。通常将字符在序列中的序号称为该字符在串中的位置(起始序号为 0)。子串在主串中的位置以子串的第一个字符在主串中的位置来表示。

例如，假设 s_1、s_2、s_3、s_4 为如下的四个串：

s_1 =“Data”

s_2 =“Structure”

s_3 =“DataStructure”

s_4 =“Data Structure”

则它们的长度分别为 4、9、13 和 14，并且 s_1 和 s_2 都是 s_3 和 s_4 的子串。其中，s_1 在 s_3 和 s_4 中的位置都是 0；而 s_2 在 s_3 中的位置是 4，在 s_4 中的位置则是 5。

若两个串的值相等，则称两个串是相等的。也就是说，只有当两个串的长度相等，并且各个对应位置的字符都相等时才能称为相等。上例中的串 s_1、s_2、s_3 和 s_4 彼此都不相等。

需要强调的是，串值必须用一对双引号括起来，但双引号本身不属于串，它的作用只是为了避免与变量名或数的常量混淆而已。另外，还需注意由一个或多个空格组成的串与空串的区别。空串不包含任何字符，长度为 0，但由空格符组成的串非空，长度为空格符的个数。

2. 串抽象数据类型描述

从逻辑关系上看，串是线性表的一种，但串的存储结构和基本操作有其特殊性。串的基本操作与一般线性表的操作的最大区别在于：线性表的操作通常以线性表内的数据元素为操作对象，而串的操作则主要将串作为一个整体进行操作。以查找操作为例，线性表的查找操作通常是在表中查找关键字等于给定值的元素；而对于串而言，则往往是查找某个特定的子串。因此，串有其特有的操作方式。串的抽象数据类型可描述为数据元素、结构关系和基本操作。

数据元素 a_i 同属于字符类型，$i=1,2,\cdots,n(n \geqslant 0)$。结构关系即元素间的线性关系。

串的基本操作主要有有以下几种：初始化操作、赋值操作、求长度、取字符、定位操作、求子串操作、插入、删除、替换、比较、连接等。

任务 2 串的存储与基本运算实现

任务导入

串的基本运算任务实例 运用串的线性存储结构和基本运算实现从所给字符串中第 pos 个字符开始查找，返回子串 T 在主串 S 中的位置。

代码一

```
public class MyString {
   private char[] value;
   private int count;
   public MyString() {
     value=new char[0];
     count=0;
   }
   public MyString(String str) {
     char[] chararray=str.toCharArray();
     value=chararray;
     count=chararray.length;
   }
   public char charAt(int index) {
     if((index<0) || (index>=count)) {
       throw new StringIndexOutOfBoundsException(index);
     }
     return value[index];
   }
   public int length() {
     return count;
   }
   public int indexOf(MyString subStr,int start) {
    int i=start,j=0,v;
    while(i<this.length()&&j<subStr.length()) {
      if(this.charAt(i)==subStr.charAt(j)) {
      i++;
      j++;
     }
     else {
      i=i+1;
      j=0;
     }
   }
   if(j==subStr.length())
     v=i-subStr.length();
   else v=-1;
   return v;
    }
}
```

代码二

```
public class Test2 {
    public static void main(String[] args) {
    MyString s= new MyString("cddcdc");
    MyString t= new MyString("cdc");
    System.out.println("位置为:"+ s.indexOf(t,0));
  }
}
```

程序运行结果如下。

```
位置为:4
```

知识点

1. 串的基本运算

串的基本运算在串的应用中广泛使用，这些基本运算不仅加深了对串的理解，也简化了对串的应用。下面举例介绍串常用的几个基本运算。

(1) public int length()　返回此字符串的长度。

(2) public char charAt(int index)　返回指定索引处的 char 值。索引范围为从 0 到 length()－1。序列的第一个 char 值位于索引 0 处，第二个 char 值位于索引 1 处，以此类推，这类似于数组索引。

(3) public int indexOf(String str)　返回指定子字符串在此字符串中第一次出现处的索引。如果字符串参数作为一个子字符串在此对象中出现，则返回第一个这种子字符串的第一个字符的索引；如果字符串参数不作为一个子字符串出现，则返回－1。

(4) pulic String replace(char oldChar,char newChar)　返回一个新的字符串。它是通过用字符变量 newChar 替换此字符串中出现的所有字符变量 oldChar 而得到的。

(5) public String substring(int beginIndex,int endlndex)　返回一个新字符串，它是此字符串的一个子字符串。该子字符串从指定的 beginIndex 处开始，直到索引 endindex－1 处的字符。因此，该子字符串的长度为 endIndex－beginIndex。

2. 串的基本运算的存储与实现

在本小节中，将讨论串值分别在静态存储方式和动态存储方式下，其运算是如何实现的。串的存储可以是静态的，也可以是动态的。静态存储在程序编译时就分配了存储空间，而动态存储只能在程序执行时才分配存储空间。但不论在哪种存储方式下，都能实现串的基本运算。下面主要讨论求字符串长度与子串运算在两种存储方式下的实现方法。

1) *在静态存储结构方式下求字符串长度与子串*

按照面向对象程序设计思想的封装特性，定义一个 StatStr 类，将字符串相关的属性和方法封装于其中。StatStr 字符串的长度就是其字符数组的长度，这个可以在实例化 StatStr 对象时设置。求子串则是先得到子串的长度，以此长度构建一个字符数组，然后将父串中指定开始位置到结束位置的字符依次放到新建的字符数组中，最后以此字符数组为参数，实例化一个新的 StatStr 对象返回。在 StatStr 类中，还提供了一个静态方法 read()来读取用户输入的字符串，返回字符数组，从而构建 StatStr 对象。StaStr 类定义实现代码如下。

```
public class StatStr {
  private char[] chars;
  private int length;
  public statstr(char[] chars) {
  this.chars=chars;
  this.length=chars.length;
 }
 public StatStr substring (int beginindex,int endIndex){
   int len=endIndex-beginIndex;
   If(beginIndex<0 || endIndex>length-1 || len<=0){
     System.out.println("substring方法参数输入错误！");
     return null;
     }
   Char[] cs=new char[len];
   int j=0;
   for(int i=beginIndex;i<endIndex;i++){
      cs[j]=chars[i];
      j++
    }
      StatStr str=new StatStr(cs);
      return str;
    public int length() {
      return length;
  }
    public static charl[] read() {
    int maxsize=20;
    byte[] bs=new byte [maxsize];
    system.out.println ("请输入字符串");
      try {
       System.in.read (bs);
       }
       catch (IOException e) {
       e.printStackTrace();
     }
      char[] cs=new char [maxsize];
      int len=0;
      for(int i=0;i<maxsize;i++){
      byte b=bs[i];
      if (b==13)//如果字符是回车符，则表示字符输入结束
      break;
      cs[i]=(char)b;
      len=i+1;
      }
```

```
        char Chars=new charlen[];
        for(int i=o;i<len;i++){
          Chars[i]=cs[i];
          }
      return chars;
      }
}
```

2）在动态存储结构方式下求子串

在动态存储结构方式下，假设链表中每个结点仅存放一个字符，则单链表结点类LinkChar定义如下。

```
public class LinkChar {
private char C;
private LinkChar next;
  public char getC() {
    return C;
    }
  public void setC (char c) {
  this.c=c;
  }
  public LinkChar getNext() {
    return next;}
  public void setNext (LinkChar next) {
  this.next=next;
  }
}
```

将动态存储结构字符串的相关属性和方法封装到LinkStr类中，其定义和实现的代码如下。

```
public class LinkStr {
//头结点
private LinkChar hc;//字符串长度
private int length;
//带字符数组参数的构造方法
public LinkStr (char[] chars) {
hc=new LinkChar ();
LinkChar q=hc;
for (int i=0; i <chars.length; i++) {
  LinkChar p=new LinkChar();
  p.setC (chars[i]);
  q.setNext(P);
   q=p;
}
//设置最后一个字符结点的引用域为空
q.setNext (null);
//设置字符串长度
this.length=chars.1ength;
}
```

```
/* 返回一个新字符串,它是此字符串的一个子字符串。该子字符串从指定的 beginIndex 处开始,直到索引 endIndex-1 处的字符。 */
  public Linkstr substring(int beginIndex,int endIndex) {
    int len=endIndex-beg inIndex;
    if (beginIndex<01 endIndex>length-1len<=0){
    System.out.printin("substring 方法参数输入错误!");
     return null;
    }
    char[] chars=new char[len];LinkChar P=hc.getNext ();
//找到 beginIndex 位置的字符
for (int i=0; i <beginIndex; i++) {
  P=p.getNext();
  }
/* 将从指定的 beginIndex 处到索引 endIndex-1 处的字符依次放到新建字符串数组 chars 中 */
  for(inti-0;i<len;i++){
    chars[i]=p.getC();
    P=p.getNext();
    }
  linkstr strnew LinkStr (chars);
  return str;
  }
  //返回字符串长度
  public int length() {
  return length;
  }
}
```

上述在述算法中,每个结点只存放了一个字符,所以字符的存储空间浪费很大,因此可以使用块链结构来存储串。在块链结构中求子串的算法思想和上述单链表的求子串的算法相似,有兴趣的读者可自行设计。

习题5

一、填空题

1. 串的两种最基本的存储方式是________。

2. 两个串相等的充分必要条件是________。

3. 空串是________其长度等于________,空格串是________其长度等于________。

4. 设 s='I AM A TEACHER',其长度是________。

二、选择题

1. 空串与空格串是相同的,这种说法是(   )。

A. 正确　　　　B. 不正确

2. 串是一种特殊的线性表，其特殊性体现在(　　)。

A. 可以顺序存储　　B. 数据元素是一个字符

C. 可以链接存储　　D. 数据元素可以是多个字符

3. 设有两个串 p 和 q;求 q 在 p 中首次出现的位置的运算称为(　　)。

A. 连接　　B. 模式匹配　　C. 求子串　　D. 求串长

4. 设串 s_1＝'ABCDEFG',s_2＝'PQRST',函数 con (x,y)返回 x 和 y 串的连接串，subs (s,i,j)返回串 s 的从序号 i 的字符开始的 j 个字符组成的子串，len(s)返回串 s 的长度,则 con (subs (s1,2,len(s2))，subs (s1,len (s2),2)的结果串是(　　)。

A. BCDEF　　B. BCDEFG　　C. BCPQRST　　D. BCDEFEF

项目 6 数组、矩阵和集合

知识目标

（1）掌握数组的概念以及 Arrays 类实现。

（2）掌握矩阵的基本概念及相关运算。

（3）了解集合的相关概念及类实现。

（4）能够针对具体应用问题的要求与性质，选择合适的存储结构设计出有效算法，解决与数组、矩阵和集合相关的实际问题。

能力目标

（1）培养学生运用所学理论解决实际问题的能力。

（2）培养学生实际动手调试 Java 程序能力。

任务 1 认识数组

几乎所有的程序设计语言中，都包含数组数据结构。一个数组元素可以表示成一个索引和名称，并存储在相邻的计算机内存中，其属于一种典型的线性表，当多个同性质的数据需要处理时，都可以使用数组方式存放数据。

数组(array)结构其实就是一排紧密相邻的可数内存，并提供了一个能够直接访问单一数据内容的计算方法。读者可以想象一下自家门前的信箱，每个信箱都有地址，其中信箱名就是名称，而信箱号码就是索引。邮差可以按照信件上的地址，把信件直接投递到指定的信箱中，这就好比程序设计语言中数组的名称是表示一块紧密相邻内存的起始位置，而数组的索引功能则用来表示从此内存起始位置的第几个区块。

数组是一组具有相同数据类型的数据集合。数组中的每个数据称为数据元素。数据元素按次序存储于一段地址连续的内存空间中，即数组是数据元素的线性组合，类似于顺序存储结构的线性表。

在不同的程序设计语言中，数组结构类型的声明也有所差异，但通常必须包含下列五种属性：① 起始地址，表示数组名(或数组第一个元素)在内存中的起始地址；② 维度，代表此数组为几维数组，如一维数组、二维数组、三维数组等；③ 索引上下限，指元素在此数组中，内存所存储位置的上标与下标;④ 数组元素个数,是索引上限与索引下限的差;⑤ 数组类型,声明此数组的类型,它决定数组元素在内存中所占用的大小。

在 Java 中,数据元素可以是简单数据类型,也可以是引用类型。在 Java 中,声明数组变量时不需要指定数组的长度,只有使用 new 运算符为数组分配空间后,数组才真正占用一段连续地址的存储单元。而当数组使用完之后,Java 的垃圾回收机制将自动销毁不再使用的对象,并收回对象所占的资源。

数组下标的个数就是数组的维度,有一个下标就是一维数组;有两个下标就是二维数组;有三个以上下标的,就统称为多维数组。

根据系统为数组分配内存空间的方式不同,可以将数组分为静态数组和动态数组。所谓的静态数组,就是声明时给出数据元素个数,当程序开始运行时,数组才获得系统分配的一段连续地址的内存空间。而动态数组,是在声明时不指定数组长度,当程序运行中需要使用数组时,才给出数组长度,同时系统才为数组分配存储空间;当数组使用完之后,需要向系统归还所占用的内存空间。

1. 一维数组

数组是由 $n(n\geqslant 1)$ 个相同类型的数据元素 $a_0,a_1,\cdots,a_i,\cdots,a_{n-1}$ 组成的有限序列,存储在一个连续的内存单元中。假设 A 是一维数组名称,它含有 n 个元素,即 A 是 n 个连续内存(各个元素为 A[0],A[1],…,A[$n-1$])的集合,并且每个元素的内容为 $a_0,a_1,\cdots,a_{n-1}$。在一维数组中的每个数据元素都对应于一个下标 i,每个下标的取值范围是 $0\leqslant i<n$。其中,n 表示数组的长度。

在一维数组中,当系统为一个数组分配连续的内存单元时,该数组的存储地址即数组的首地址 LOC(a_0)就确定了。假设每个数据元素占用了 L 个存储单元,则任意一个数据元素的存储地址 LOC(a_i)就可由如下公式计算得出:

$$\mathrm{LOC}(a_i)=\mathrm{LOC}\ (a_0)+i\times L \quad (0\leqslant i\leqslant n-1)$$

该式说明,一维数组中的数据元素的存储地址可以直接计算得到,即一维数组中的任意一个数据元素可直接存取(即随机存储结构)。可以通过如下形式访问数组中任意指定的数据元素:数组名[下标]。

2. 二维数组

二维数组是线性表的推广。二维数组可以看成"其数据元素为一维数组"的线性表。以此类推,多维数组可以看成一个线性表,这个线性表中的每一个数据元素也是一个线性表。

1) 二维数组概念

对于一个 m 行 n 列的二维数组,有:

$$\mathbf{A}_{m\times n}=\begin{bmatrix} a_{00} & a_{00} & \cdots & a_{0,n-1} \\ a_{10} & a_{11} & \cdots & a_{1,n-1} \\ \vdots & \vdots & \vdots & \\ a_{m-1,0} & a_{m-1,1} & \cdots & a_{m-1,m-1} \end{bmatrix}$$

将简记为 **A**,**A** 是这样的一维数组:

$$\mathbf{A}=(a_0,a_1,\cdots,a_p) \quad (p=m-1 \text{ 或 } p=n-1)$$

其中每个数据元素 a_i 是一个行向量形式的线性表,即:

$$a_i=(a_{i0},a_{i1},\cdots,a_{i,n-1}) \quad (0\leqslant i\leqslant m-1)$$

或者每个数据元素 a_j 是一个列向量形式的线性表，即

$$a_j=(a_{0j},a_{1j},\cdots,a_{m-1,j}) \quad (0\leqslant j\leqslant n-1)$$

2）二维数组存储结构

问题 如何使用线性存储结构存放二维数组的数据元素呢？

对于二维数组，使用一段连续的存储单元存放数据元素的方式有以下两种。

（1）以行为主序的顺序存储，即首先存储第 1 行的数据元素，然后存储第 2 行的数据元素……最后存储第 m 行的数据元素。此时，二维数组的线性排列次序为：$a_{00},a_{01},\cdots,a_{0,n-1},a_{10},a_{11},\cdots,a_{1,n-1},\cdots,a_{m-1,0},a_{m-1,1},\cdots,a_{m-1,n-1}$。

（2）以列为主序的顺序存储。二维数组的线性排列次序为：$a_{00},a_{10},\cdots,a_{m-1,0},a_{01},a_{11},\cdots,a_{m-1,1},\cdots,a_{0,n-1},a_{1,n-1},\cdots,a_{m-1,n-1}$。

数据元素的存储位置是由其下标决定的。二维数组的第 1 个数据元素的 a_{00} 存储地址 LOC(a_{00})，每个数据元素占 L 个存储单元，则按行为主序存储数组时，该二维数组中任意一个数据元素 a_{ij} 的存储地址 LOC(a_{ij})可由下式确定：

$$\mathrm{LOC}(a_{ij})=\mathrm{LOC}(a_{00})+(i\times n+j)\times L$$

在存储单元中，数据元素 a_{ij} 前面已存放了 i 行，每一行的数据元素的数量为 n，则已存放了 $i\times n$ 个数据元素，占用了 $i\times n\times L$ 个内存单元；在第 i 行中 a_{ij} 的前面还有 j 个数据元素，占了 $j\times L$ 个内存单元。

同理，按列为主序存储数组时，数据元素 a_{ij} 的存储地址为：

$$\mathrm{LOC}(a_{ij})=\mathrm{LOC}(a_{00})+(j\times m+i)\times L$$

容易看出，数据元素的存储位置是其下标的线性函数，符合随机存储特性。上述公式和结论可以推广至三维数组甚至多维数组中。

例 6.1 声明如下二维数组：

```
float[][] twoD=new float[3][4];
```

回答下列问题：

（1）数组 twoD 中的数据元素的个数是多少？存放数组 twoD 至少需要多少个字节的空间？

（2）如果按行为主序的存储方式，并且假设数组 twoD 的起始地址为 3000，则数据元素 twoD[2][2]的存储地址是多少？

解

（1）由于数组的类型为 float，即数组中的每个数据元素在内存中占 4 个字节，所以该二维数组共有 3×4=12 个数据元素，共占 12×4=48 个字节。

（2）由于数组是按行为主序的存储数据元素，则数组 twoD[2][2]的存储位置为：

$$\mathrm{LOC}(a_{22})=\mathrm{LOC}(a_{00})+(2\times 4+2)\times L=3000+(2\times 4+2)\times 4=3040$$

3. Arrays 类实现

在 Java 的 java. util. Arrays 类中，包含用来操作数组（如排序和搜索、查找、复制、填充以及比对等）的各种方法。Arrays 的方法皆声明为 static 类型，使用方法如下：

```
Arrays.sort(数组);  //对数组排序
```

下面我们利用二维数组来设计一个彩票号码产生器。在程序 CH02_01. java 中利用二

维数组记录产生的随机数值，再利用双循环来进行数据对比。

```
import java.util.*;
puublic class CH02_01{
public static void main(String[] args){
    //变量声明
    int intCreate=1000000;          //产生随机数次数
    int intRand;        //产生的随机数号码
    int.[][] intArray=new int[2][42];        //放置随机数数组
    //将产生的随机数存放至数组
    while(intCreate— —)0){
      intRand=(int)(Math.random()*42);
      intArray[0][intRand]++;
      intArray[1][intRand]++;
    }
    //对 intArray[0]数据做排序
    Acrays.sort(intArray[0]);
    //找出最大数的6个数字号码
    for(int i=41;i>(41-6);i--){
      //逐一检查次数相同者
      for(int j=41;j>=0;j--) {
        //当次数符合时打印
        in(intArray[0][i]==intArray[1][j]){
          System.out.println("随机数号码"+(j+1)+"出现"+intArray[0][i]+"次");
          intArray[1][j]=0;        //将找到的数值次数归零
          break;        //中断内循环，继续外循环
        }
      }
  }
```

任务2 矩阵

在很多科学与工程计算问题中，常用到一些特殊矩阵。特殊矩阵是指非零元素或零元素的分布存在一定规律的矩阵。为了节省存储空间，特别是在高阶矩阵的情况下，可以对这类矩阵进行压缩存储。所谓的压缩存储是指多个相同的非零元素共享同一个存储单元，对零元素不分配存储空间。常见特殊矩阵有对称矩阵、三角矩阵和对角矩阵等，它们都是行数和列数相同的方阵。还会遇到非零元素较少，且分布没有的规律，这就是与特殊矩阵不一样的稀疏矩阵。

1. 对称矩阵

在 n 阶方阵 A 中，若元素满足下述性质：

$$a_{ij}=a_{ji}\quad(0\leqslant i,j\leqslant n-1)$$

则称 A 为 n 阶对称矩阵。

$$A=\begin{bmatrix}9&2&5&8\\2&3&4&3\\5&4&1&6\\8&3&6&5\end{bmatrix}$$

该矩阵就是一个 4 阶对称矩阵。对称矩阵中的元素关于主对角线对称，可以存储矩阵中上三角或下三角中的元素，让每两个对称的元素共享同一个存储空间，以完成对矩阵 A 的压缩存储。这样，可以将 n^2 个数据元素压缩存储到 $n(n+1)/2$ 个数据元素的空间中，能节约近一半的存储空间。为不失一般性，以行为主序存储主对角线(包括对角线)以下的元素。

按 $a_{00},a_{10},a_{11},\cdots,a_{n-1,0},a_{n-1,1},\cdots,a_{n-1,n-1}$ 的次序存放在一维数组 SA $[0\cdots n(n+1)/2-1]$ 中。在 SA 中只存储对称矩阵的下三角元素 $a_{ij}(i\geqslant j)$。

元素 a_{ij} 的存放位置：aij 元素前有 i 行，即从第 0 行到第 $i-1$ 行，一共有 $1+2+\cdots+i=i\times(i+1)/2$ 个元素。

在第 i 行上，a_{ij} 之前恰有 j 个元素，即 $a_{i0},a_{i1},\cdots,a_{i,j-1}$，因此有 $a_{ij}=\mathrm{SA}[i\times(i+1)/2+j]$。

那么对于矩阵 A 中的任意一个数据元素 a_{ij}，必然与一维数组 SA_k 之间存在着如下对应关系：

$$k=\begin{cases}\dfrac{i\times(i+1)}{2}+j & (i\geqslant j,0\leqslant k<n\times(n+1)/2)\\[2mm]\dfrac{j\times(j+1)}{2} & (i<j,0\leqslant k<n\times(n+1)/2)\end{cases}$$

对于对称矩阵中的任意数据元素 a_{ij}，令 $i=\max(i,j)$，$j=\min(i,j)$，则 k 和 i、j 的对应关系可统一为：

$$k=i\times(i+1)/2+j(0\leqslant k\leqslant n(n+1)/2)$$

因此，对称矩阵的地址计算公式为：

$\mathrm{LOC}(a_{ij})=\mathrm{LOC}(\mathrm{SA}[k])=\mathrm{LOC}(\mathrm{SA}[0])+k\times L=\mathrm{LOC}(\mathrm{SA}[0])+[i\times(i+1)/2+j]\times L$。

通过对称矩阵的地址计算公式，就能立即找到矩阵元素 a_{ij} 在一维数组 SA 中的对应位置 k。因此，这也是随机存取结构。如图 6.1 所示为对称矩阵压缩存储在一维数组 SA 中。

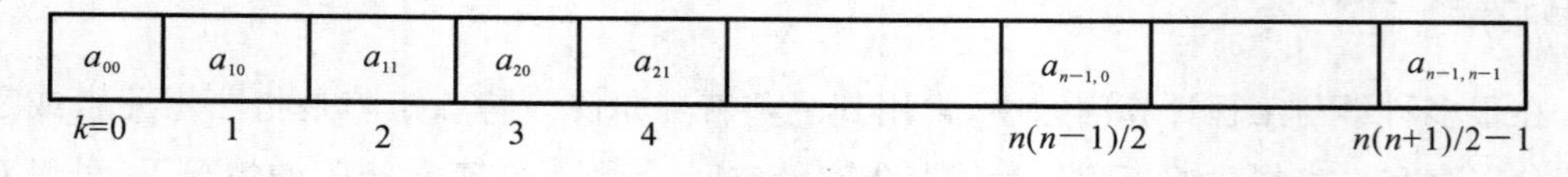

图 6.1 对称矩阵的压缩存储示意图

例 6.2 对于对称矩阵 A，数据元素 a_{21} 和 a_{12} 均存储在一维数组中的 SA[4]，这是因为：

$$k=i\times(i+1)/2+j=2\times(2+1)/2+1=4\ (i=\max(i,j)=2;\ j=\min(i,j)=1)$$

2. 三角矩阵

三角矩阵是指 n 阶矩阵中上三角(不包括对角线)或下三角(不包括对角线)中的元素均为常数 C 或为 0 的 n 阶方阵。以主对角线划分，三角矩阵有上三角和下三角两种。如图 6.2(a)所示的上三角矩阵，其主对角线以下均为常数 C 或 0；如图 6.2(b)所示的下三角矩阵，其主对角线以上均为常数 C 或 0，它们与对称矩阵一样，可以采取压缩存储的方式。

$$\begin{bmatrix} a_{10} & a_{01} & \cdots & a_{0,n-1} \\ C & a_{11} & \cdots & a_{1,n-1} \\ \cdots & \cdots & \cdots & \cdots \\ C & C & \cdots & a_{n-1,n+1} \end{bmatrix} \quad \begin{bmatrix} a_{10} & C & \cdots & C \\ a_{10} & a_{11} & \cdots & C \\ \cdots & \cdots & \cdots & \cdots \\ a_{n-1,0} & a_{n-1,1} & \cdots & a_{n-1,n-1} \end{bmatrix}$$

图 6.2　三角矩阵

三角矩阵中重复的常数 C 或 0 可以共享同一个存储空间，其余的数据元素共有 $n(n+1)/2$ 个。因此，三角矩阵与对称矩阵一样压缩存储在一维数组 SA[0...n(n+1)/2] 中，其中常数 C 或 0 存放在最后一个内存单元中。这样，三角矩阵中的任意一个数据元素 a_{ij} 对应着一维数组 SA 中元素 SA_k，它们的关系如下，其中 $SA_{n(n+1)/2}$ 存储着常数 C 或 0。

下三角矩阵：

$$k=\begin{cases}\dfrac{i(i+1)}{2}+j & (i\geqslant j,k\leqslant k\leqslant n(n+1)/2)\\ \dfrac{n(n+1)}{2} & (i<j,0\leqslant k\leqslant n(n+1)/2)\end{cases}$$

因此，当 $i\geqslant j$ 时，元素 a_{ij} 的地址可以用如下公式计算：

$$\begin{aligned}\mathrm{LOC}(a_{ij})&=\mathrm{LOC}(\mathrm{SA}[k])=\mathrm{LOC}(\mathrm{SA}[0])+k\times L\\&=\mathrm{LOC}(\mathrm{SA}[0])+[i\times(i+1)/2+j\ ]\times L\end{aligned}$$

当 $i<j$ 时，元素 a_{ij} 的地址计算公式如下：

$$\mathrm{LOC}(a_{ij})=\mathrm{LOC}(\mathrm{SA}[0])+[n\times(n+1)/2]\times \mathrm{L}$$

同理，上三角矩阵中 a_{ij} 的前面有 i 行，共存储了 $k=i(2n-i+1)/2+j-i$ 个元素，所以有：

$$k=\begin{cases}\dfrac{i(2n-i+1)}{2}+j-i & (i\leqslant j,0\leqslant k<n(n+1)/2)\\ \dfrac{n(n+1)}{2} & (i>j,0\leqslant k<n(n+1)/2)\end{cases}$$

3. 稀疏矩阵

对于上述特殊矩阵，其非零元素的分布都有着明显的规律。然而，在实际应用中还会遇到非零元素较少，且分布没有的规律的矩阵，这就是将要介绍的稀疏矩阵。

一个阶数较大的 $m\times n$ 矩阵中，设有 s 个非零元素，如果 $s<<m\times n$ 时，则称该矩阵为稀疏矩阵。准确来说，在矩阵 A 中，有 s 个非零元素。令 $e=s/(m\times n)$，称 e 为矩阵的稀疏因子。通常认为 $e\leqslant 0.05$ 时，称矩阵 A 为稀疏矩阵。

为了节省存储单元，可只存储非零元素，压缩零元素的存储空间。由于非零元素的分布一般是没有规律的，因此，在存储非零元素的同时，还必须存储非零元素所在的行号、列号，才能唯一确定非零元素是矩阵中的哪一个元素。这样每个非零元素都需要一个三元组 (i,j,a_{ij}) 唯一表示，稀疏矩阵中的所有非零元素构成了三元组线性表。稀疏矩阵的压缩存储失去随机存取特性。

例如，稀疏矩阵 A：

$$A_{6\times7}=\begin{bmatrix}0&0&15&0&0&0&0\\0&1&0&0&0&0&0\\0&0&0&5&0&0&0\\0&0&0&0&0&0&0\\0&0&0&6&0&0&0\\0&0&0&0&22&0&8\end{bmatrix}$$

用三元组表示为:((1,3,15),(2,2,1),(3,4,5),(5,4,6),(6,5,22),(6,7,8))。

稀疏矩阵压缩存储方法有两类:顺序存储结构和链式存储结构。

1) 三元组的顺序存储结构

三元组的顺序存储结构是稀疏矩阵的非零元素的三元组按行优先(或列优先)的顺序存储在线性表中,线性表中的每个数据元素都对应稀疏矩阵的一个三元组。例如,上述稀疏矩阵 A 的顺序存储结构如表 6.1 所示。

表 6.1 稀疏矩阵三元组的顺序存储结构

数组下标	i(行下标)	j(列下标)	value
0	1	3	15
1	2	2	1
2	3	4	5
3	5	4	6
4	6	5	22
5	6	7	8

声明顺序存储结构的稀疏矩阵类,首先声明一个稀疏矩阵的三元组类 SparseNodeOrder 如下。

```
public class SparseNodeOrder{              //稀疏矩阵的三元组表示的结点结构
    public int row;                        //行下标
    public int column;                     //列下标
    public int value;                      //数值
    public SparseNodeOrder(int i,int j,int k){
      row=i;
      column=j;
      value=k;
    }
public SparseNodeOrder(){
      this(0,0,0);
    }
    public void output(){                  //输出三元组值
      System.out.println("\t"+row+"\t"+column+"\t"+value);
    }
}
```

SparseNodeOrder 类的一个对象表示一个三元组,该对象记录了稀疏矩阵中的每一个非零元素的行下标、列下标和值。

```
public class SparseOrder{  //稀疏矩阵的三元组顺序存储结构
    protected SparseNodeOrder array1[];        //声明数组,元素为三元组
    public SparseOrder(int matrix1[][]){        //建立三元组表示
      System.out.println("稀疏矩阵为:");
      int m=matrix1.length;
      array1=new SparseNodeOrder[m*2];
      int i,j,k=0;
      for(i=0;i<matrix1.length;i++){
for(j=0;j<matrix1[i].length;j++)
        {
          System.out.print(" "+matrix1[i][j]);
          if(matrix1[i][j]!=0) {
              //matrix1[i][j]是矩阵中第 i+1 行第 j+1 列的数据元素
              array1[k]=new SparseNodeOrder(i+1,j+1,matrix1[i][j]);
              k++;
          }
      }
    System.out.println();
    }
  }
public void output()  //输出一个稀疏矩阵中所有元素的三元组值
  {
    int i,j;
    System.out.println("稀疏矩阵三元组的顺序表示:");
    System.out.println("\t 行下标\t 列下标\t 数值");
    for(i=0;i<array1.length;i++){
      if(array1[i]!=null)
        array1[i].output();//调用 SparseNodeOrder 类方法输出三元组值
    }
  }
}
```

由于 Java 数组的下标是从 0 开始的。本例题将二维数组 matrix1[i][j]中的下标转换成从 1 开始。SparseNodeOrder 类中的 output()方法是输出一个矩阵元素的三元组值。而 SparseOrder 类中的 output()方法是输出稀疏矩阵中所有元素的三元组的值。

2) 三元组的链式存储结构

顺序存储结构的稀疏矩阵虽然可以节省存储空间,比较容易实现,但还存在不足:① 数组的长度不易设定,可能存在浪费存储空间和溢出的问题;② 插入、删除操作不方便,当元素的值在零元素和非零元素之间转换时,都必须移动元素。为此引入了链式存储结构的稀疏矩阵的三元组来解决上述缺点,常用的链式存储结构有十字链表。

十字链表为稀疏矩阵的每行设置一个单独链表,同时也为每列设置一个单独链表。这样稀疏矩阵的每个非零元素同时包含在两个链表中,即每个非零元素同时包含在所在行的行链表中和所在列的列链表中。这样,就大大降低了链表的长度,方便了算法中行方向和列

方向的搜索，大大降低了算法的时间复杂度。

对于 $m \times n$ 的稀疏矩阵 A，每个非零元素用一个结点表示，结点的结构如图 6.3 所示。每个结点有 5 个成员：row，col 和 value 分别代表行号、列号和相应元素的值；down 和 right 分别代表列后继引用和行后继引用，分别用来链接同列和同行中的下一个非零元素结点。也就是说，稀疏矩阵中同一列的所有非零元素都通过 down 链接成一个列链表，同一行的所有非零元素都通过 right 链接成一个行链表。每个非零元素好像一个十字路口，故称十字链表。

row	col	value
down		right

图 6.3　十字链表结点结构

使用十字链表表示时，各行的非零元素和各列的非零元素都分别联系在一起，最多有 $m+n$ 条链。对元素的查找可顺着所在行的行链表进行，也可以顺着所在列的列链表进行。查找一个元素的最大时间复杂度为 $O(s)$，其中 s 为某行或某列上非零元素的个数。

例如，对于稀疏矩阵 A：

$$\boldsymbol{A} = \begin{bmatrix} 3 & 0 & 00 & 1 & 0 \\ 0 & 0 & 5 & 0 & 0 \\ 2 & 0 & 0 & 0 & 0 \\ 0 & 0 & 8 & 0 & 6 \end{bmatrix}$$

它的十字链表表示形式如图 6.4 所示。

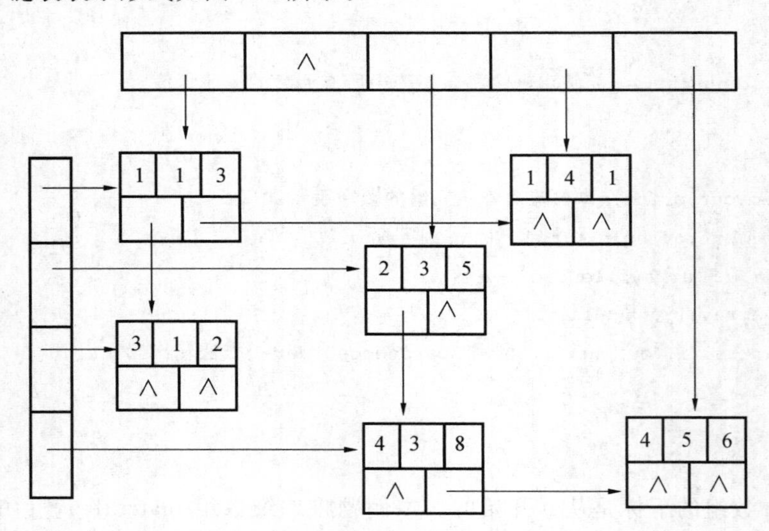

图 6.4　稀疏矩阵的十字链表示意图

任务 3　集合

任务导入

集合任务案例　整数集合类应用程序编写，测试整数集合类所提供的判属于、判包含、判相等、求并集、交集等项功能。

具体程序如下。

```
public class IntSet {
    int[]  set;
    int   size;
    private boolean valid(int x){
     return x> =0 && x<size;
     }
    private void clear(){
     for(int i=0;i<size;i++)set[i]=0;
     }
    public IntSet(int len){
     size=len;
     set=new int[size];clear();
     }
    public IntSet(IntSet iset){
       this(iset.size);
       for(int i=0;i<size;i++) set[i]=iset.set[i];
     }
    public void add(int k){
       if(valid(k)) set[k]=1;
       else System.out.println("invalid insert\n");
     }
    public void remove(int k){
     if(valid(k)) set[k]=0;
     else System.out.print("invalid delete\n");
     }
    public boolean contain(int k){
     if(set[k]==1) return true;
     else return false;
     }
    public boolean include(IntSet  iset){
     for(int i=0;i<iset.size;i++)
     if(iset.set[i]==1)
       if(set[i]!=1) return false;
     return true;
     }
    public boolean equals(IntSet  iset){
     return include(iset)&&iset.include(this);
     }
    public IntSet unionset(IntSet iset){
     int maxsize=(size> iset.size)? size:iset.size;
     IntSet temp=new IntSet(maxsize);
     for(int i=0;i<maxsize;i++)
       temp.set[i]=((set[i]==1) || (iset.set[i]==1))? 1 : 0;
```

```
    return temp;
  }
  public IntSet intersection(IntSet iset){
   int minsize=(size<iset.size)? size:iset.size;
   IntSet temp=new IntSet(minsize);
   for(int i=0;i<minsize;i++)
    temp.set[i]=((set[i]==1)&&(iset.set[i]==1))? 1:0;
    return temp;
  }
  public boolean empty(){
   for(int i=0;i<size;i++)
    if(set[i]==1)
      return false;
   return true;
   }
  public void prnt(){
   int x=1;
   boolean empty=true;
   System.out.print(" {");
   for(int u=0;u<size;u++)
    if(set[u]==1) {
      System.out.print(" "+u);
      if(x% 10==0)System.out.println();
      empty=false;
      x++;
    }
  if(empty) System.out.print("---   ");
  System.out.println("}");
  }
//在主函数中创建 a,b,c,d 四个集合执行各种集合运算,设置如下测试代码
public static void main(String[] args){
  IntSet a=new IntSet(10),b=new IntSet(10),
        c=new IntSet(10),d=new IntSet(10);
  a.add(2);a.add(3);a.add(5);
  b.add(3);b.add(5);
  c.add(3);c.add(5);c.add(2);
  d.add(4);d.add(5);
  if(a.contain(3))System.out.println(" contain yes");
  else System.out.println("contain no");
  if(a.include(b))System.out.println("include yes");
  else System.out.print("include no");
  if(a.equals(c))System.out.println("equals yes");
  else System.out.println("equals no");
```

```
        c= a.unionset(d);
        c.print();
        c= a.intersection(d);
        c.print();
    }
}
```

程序运行结果如下。

```
contain  yes
include  yes
equals  yes
{2 3 4 5}
{5}
```

知识点

1. 集合的相关概念及其抽象数据类型

集合是具有某种相同数据类型的数据元素的全体，其特点是其中的数据元素无序且不重复。

集合通常用一对花括号表示，以下几个都是集合的例子：

```
set0= {},set1= {1,2,3,5,6},set2= {1,3,5,6,2},set3= {1,3,5 },set4= {a,b,d}。
```

其中，set1、set2、set3 中的数据元素的类型为整数，称为整数集合，set4 中的数据元素的类型为字符，称为字符集合。集合 set0 中没有数据元素，称为空集合。集合 set1 中有 5 个数据元素，分别为 1,2,3,5,6。如果一个数据元素 e 在一个集合 A 中，则称该数据元素 e 属于集合 A；反之，如果一个数据元素 e 不在一个集合 A 中，则称该数据元素 e 不属于集合 A。例如，整数 1 在集合 set1 中，所以该数据元素属于集合 set1，而整数 4 不在集合 set 中，所以该数据元素不属于集合 set1。如果集合 A 中的所有数据元素都在集合 B 中，则称集合 B 包含集合 A。例如，集合 set3 中的所有数据元素都在集合 set1 中，所以集合 set1 包含集合 set3。如果集合 A 包含集合 B，集合 B 也包含集合 A，即集合 A、B 中具有相同的数据元素，则称集合 A 与集合 B 相等。例如，set1 与 set2 中具有相同的数据元素，因此这两个集合相等。

集合的主要操作有三种：两个集合的并集 $A \cup B$，两个集合的交集 $A \cap B$ 和两个集的差集 $A-B$。

集合抽象数据类型可描述如下。

（1）数据元素：可以是各种类型的数据，但必须同属于一个数据元素类。

（2）结构关系：集合中的元素同属于集合。

（3）基本操作：对集合可执行以下的基本操作。

- Initiate(S)　构造一个集合 S。
- Add(S,e)　在集合 S 中添加数据元素 e。
- Remove(S,e)　删除集合 S 中的数据元素 e。
- Contain(S,e)　判数据元素 e 是否属于集合 S。若属于，则返回布尔值 tue，否则返回布尔值 false。

● Empty(S)判 S 是否为空集合。若为空集合,则返回 true,否则返回 false。

● Size(S) 返回集合 S 中数据元素的个数。

● Include(S,s1) 判集合 S 是否包含集合 s1。若包含返回布尔值 true,否则返回布尔值 false。

● Equals(S,s1) 判集合 S 是否与集合 s1 相等。若相等则返回布尔值 true,否则返回布尔值 false。

● Union(S,s1) 返回集合 S 与集合 s1 的并集。

● Intersection(S,s1) 返回集合 S 与集合 s1 的交集。

2. 整数集合类及实现

集合的元素类型可以是任意类型,在实际使用中整数集合用得较多。为简化起见,在本节中只介绍整数集合类。

要创建一个表示整数集合的类 IntSet,由一个以 1、0 构成的数组表示整数集合,如 果整数 i 在集合中,则数组元素 a[i]为 1,如果整数 j 不在集合中,则数组元素 a[j]为 0。

在该类定义中,应该包括存储集合元素的一维数组及其长度,分别用整型指针 set 及整型变量 size 来表示。类中的函数成员包括构造函数 IntSet(int len)、复制构造函数 IntSet(IntSet iset)及实现各种集合运算的函数。另外,函数 boolean valid(int x)(判别 x 是否合法的集合元素)与函数 void clear()(清除集合中的所有元素)是类中内部被调用的函数,被声明为私有函数成员。综上所述,整数集合类 IntSet 可定义如下。

```
public class IntSet {
  int[]  set;
  int   size;
  private boolean valid(int x){
   return x>=0 && x<size;
   }
  private void clear(){
   for(int i=0;i<size;i++)set[i]=0;
  }
//构造函数。按指定的长度构造一个 IntSet 类的对象
public IntSet(int len){
size=len;
set=new int[size];clear();}
//复制构造函数。按指定的 IntSet 类对象构造一个新对象
public IntSet(IntSet iset){
this(iset.size);
for(int i=0;i<size;i++) set[i]=iset.set[i];
}
//增加、删除一个元素。若指定的参数 k 合法,则将其增加、删除到集合里,否则显示出错信息
public void add(int k){
  if(valid(k)) set[k]=1;
  else System.out.println("invalid insert\n");
```

```
}
public void remove(int k){
  if(valid(k)) set[k]=0;
  else System.out.print("invalid delete\n");
}
//判断指定元素 k 是否属于当前集合,若属于则返回 true,否则返回 false
public boolean contain(int k){
  if(set[k]==1) return true;
  else return false;
}
//判断指定集合是否包含在当前集合里。若包含则返回 true,否则返回 false
public boolean include(IntSet  iset){
  for(int i=0;i<iset.size;i++)
  if(iset.set[i]==1)
  if(set[i]!=1) return false;
  return true;
}
//判断指定集合是否与当前集合相等。若相等返回 true,否则返回 false
public boolean equals(IntSet iset){
  return include(iset)&&iset.include(this);
}
//求并集。对当前集合与参数中指定的集合进行"或"运算,生成并返回一个集合,其长度为二者中的
最大者,其元素为两集合中的对应元素进行"或"运算的结果。
public IntSet unionset(IntSet iset){
  int maxsize=(size>iset.size)? size:iset.size;
  IntSet temp=new IntSet(maxsize);
  for(int i=0;i<maxsize;i++)
      temp.set[i]=((set[i]==1)||(iset.set[i]==1))? 1:0;
return temp;
}
/* 求交集。对当前集合与参数指定集合进行"与"运算,生成并返回一个集合,其长度为二者中的最
小者,其元素为两集合中的对应元素进行"与"运算的结果* /
public IntSet intersection(IntSet iset){
  int minsize=(size<iset.size)? size:iset.size;
  IntSet temp=new IntSet(minsize);
  for(int i=0;i<minsize;i++)
  temp.set[i]=((set[i]==1) &&(iset.set[i]==1))? 1:0;
      return temp;
  }
//判断集合是否为空集合,若是返回 true,否则返回 false
  public boolean empty(){
  for(int i=0;i<size;i++)
    if(set[i]==1)
```

```
        return false;
    return true;
    }
}
```

习题6

一、选择题

1. 数组常进行的两种基本操作是(　　)。

A. 建立与删除　　B. 索引和修改　　C. 查找和修改　　D. 查找与索引

2. 二维数组 M 的成员是 6 个字符(每个字符占一个存储单元,即一个字节)组成的串,行下标 i 的范围从 0 到 8,列下标 j 的范围从 1 到 10,则存放 M 至少需要(　　)①个字节,M 的第 8 列和第 5 行共占(　　)②个字节。

① A. 90　　B. 180　　C. 240　　D. 540

② A. 108　　B. 114　　C. 54　　D. 60

项目 7 广义表

知识目标

（1）掌握广义表的概念。

（2）掌握广义表的存储结构。

（3）了解广义表的基本运算及实现。

（4）能够针对具体应用问题的要求与性质，选择合适的存储结构设计出有效算法，解决与广义表相关的实际问题。

能力目标

（1）培养学生运用所学理论解决实际问题的能力。

（2）培养学生实际动手调试 Java 程序能力。

任务 1 广义表的相关概念及抽象数据类型

广义表是线性表的推广，二者都是 n 个数据元素组成的有限序列，线性表中的元素不可以再分，广义表中的元素可以是单元素，也可以是子表（即另一个线性表或广义表）。

1. 广义表的相关概念

线性表被定义成是由 n 个数据元素组成的有限序列，其中每个组成元素被限定为单元素，有时这种限制需要拓宽。例如，表示参加某体育项目国际邀请赛的参赛队清单可采用如下的表示形式。

（俄罗斯，巴西，（中国，四川，福建），古巴，美国，0，日本）

在这个拓宽了的线性表中，韩国队应排在美国队的后面，但由于某种原因未参加，成为空表。中国队、四川队、福建队均作为东道主的参赛队参加，构成了一个小的线性表，成为原线性表的一个数据项。这种拓宽了的线性表就称为广义表。

广义表（又称为列表）是 $n(n \geqslant 0)$ 个数据元素 $a_1, a_2, \cdots, a_i, \cdots, a_n$ 的有限序列，一般记为：

$$ls=(a_1, a_2, \cdots, a_i, \cdots, a_n)$$

其中，ls 是广义表 $(a_1, a_2, \cdots, a_n)$ 的名称，n 是它的长度。每个 $a(1 \leqslant i \leqslant n)$ 是 ls 的成员，它可以是单个元素，也可以是一个广义表，分别称为广义表 ls 的单元素和子表。当广义表 ls 非空时，称第一个元素 a_1 为 ls 的表头（head），称其余元素组成的表为 ls 的表尾（tail）。

显然，广义表的定义是递归的，因为在描述广义表时又用到了广义表的概念。为书写清楚起见，通常用大写字母表示广义表，用小写字母表示单个数据元素，广义表用圆括号括起来，括号内的数据元素用逗号分隔开。下面是一些广义表的例子。

- A=0　A 是空表，其长度为 0。
- B=(e)　B 中只有一个单元素 e，长度为 1。
- C=(a,(b,c,d))　C 的长度为 2，两个元素分别为单元素 a 和子表(b,c,d)。
- D=(A,B,C)　D 的长度为 3，三个元素都是列表。将子表的值代入后则为：D=(0,(e),(a,(b,c,d)))。
- E=(a,E)　E 是一个长度为 2 的递归的广文表，E 相当于一个无穷表。
- F=(())　F 的长度为 1，其中的一个元素为一个空表。

从上述广义表的定义和例子可知广义表的主要特性如下。

(1) 广义表是一个多层次的结构。因为广义表的元素可以是一个子表，而子表的元素还可以是子表。

(2) 广义表可以为其他广义表所共享。例如，在上述的例子中，广义表 A,B,C 为 D 的子表，则在 D 中可以不必列出子表的值，而是通过子表的名称来引用。

(3) 广义表可以是一个递归表，即广义表也可以是其本身的一个子表。例如，广义表 E 就是一个递归表。

广义表的上述特性对于它的使用价值及应用效果起到了很大的作用。

广义表的结构相当灵活，在某种前提下，它可以兼容线性表、数组、树和有向图等各种常用的数据结构。

当限定广义表的每一项只能是基本元素而非子表时，广义表就退化为线性表：$(a_1,a_2,\cdots,a_n)$。

当数组的每行(或每列)作为子表处理时，数组即为一个广义表。另外，树和有向图也可以用广义表来表示，换句话说，树也可以用广义表的形式来表示，如 (a,(b,c,d),e,(f,g))。

由于广义表不仅集中了线性表、数组、树和有向图等常见数据结构的特点，而且可有效地利用存储空间，因此广义表的树形式表示在计算机的许多应用领域，都有成功使用的实例。在文本处理中，可以把句子划分成有一定语法含义的子句或更小的语法单位。例如：The small dog with black spots bites 按主语、谓语和定语划分为三个子句，于是该句子可以表示成：((The small dog)(with black spots)bites))。如果我们将每个字符串看成一个元素，那么括号括起来的内容就是一个线性表，上面的句子就是由线性表组成的广义表。在研究人工智能的语言 LISP 中，使用函数嵌套的形式来构造程序。例如：(op (op A B)(op CD)) 在这种情形下，程序本身就是一个广义表。

2. 广义表抽象数据类型描述

广义表有两个重要的基本操作即取头操作(head)和取尾操作(tail)。

广义表抽象数据类型 ADT Glist 可描述如下。

(1) 数据元素：

$D=\{e_i=1,2,\cdots,n;n\geqslant 0;e_i\in \text{Atom Set}$ 或 $e\in \text{GList}\}$

(2) 结构关系：

$$\mathrm{LR}=\{<e_{i-1},e_i>|e_{i-1},e_i\in D,2\leqslant i\leqslant n\}$$

(3) 基本操作：对广义表可执行以下的基本操作。

- InitGList(L)　初始化。创建一个空的广义表 L。
- CopyGList(L,L0)　复制。由广义表 L0 复制得到一个广义表 L。

- GListDepth(L)　求深度。求广义表 L 的深度。
- GListLength(L)　求长度。求广义表 L 的长度,即元素个数。
- GListEmpty(L)　判空表。判广义表 L 是否为空。
- GetHead(L)　取头。取广义表 L 的头。
- GetTail(L)　取尾。取广义表 L 的尾。
- InsertFirst(L,e)　插入元素。插入元素 e 作为广义表 L 的第一元素。
- DeleteFirst(L)　删除元素。删除广义表 L 中的第一元素并返回该元素。

任务 2　广义表的存储结构

由于广义表的元素类型不一定相同,所以难以用顺序结构来存储表中的元素。因此,通常采用链接存储方法来存储广义表中的元素,并称之为广义链表。广义链表常见的表示方法如下。

1. 单链表表示法

单链表表示法即模仿线性表的单链表结构,每个原子结点只有一个链域 link,结点结构如图 7.1 所示。

atom	data	slink	link

图 7.1　单链表表示法的结点结构

其中:atom 是标志域,若 atom 为 0,则表示为子表,若 atom 为 1,则表示为原子;data 域用于存放原子值;slink 域用于存放子表的地址引用;link 域用于存放下一个元素的地址引用。结点的抽象数据类型描述如下。

```
public class SNode {
int atom;      //标志域,0 表示子表,1 表示原子
char data;      //原子值
SNode slink;      //子表的地址引用
SNode link;      //存放下一个元素的地址引用
}
```

广义表的数据类型描述如下。

```
public class SGList {      //单链表表示广义表
private SNode h;      //广义表头结点
  public SGList (SNode h) {      //设置广义表头结点的构造方法
    this.h=h;
    }
}
```

例如,设 L=(a,b);A=(x,L)=(x,(a,b));B=(A,y)=((x,(a,b)y),);C=(A,B)=((x,(a,b)),((x,(a,b)),y))。

可用如图 7.2 所示的结构来描述广义表 C,设头指针为 hc。

2. 双链表表示法

双链表表示法的每个结点都含有两个指针和一个数据域,每个结点结构如图 7.3 所示。

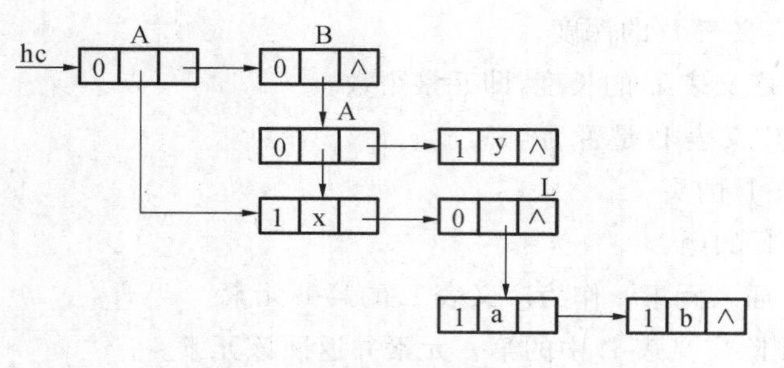

图 7.2　广义表的单链表表示法

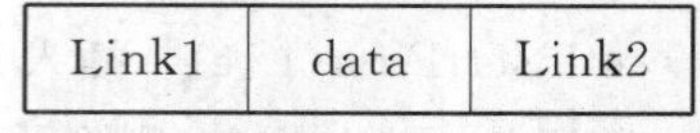

图 7.3　双链表表示法的结点结构

其中：Link1 指向该结点表示的子表的第一个元素；Link2 指向该结点的后继。

其抽象数据类型描述如下。

```
Public class DNode{
        DNode link1;
        char data;
        DNode link2;
}
```

例如，图 7.2 所示的用单链表表示的广义表 C，也可用如图 7.4 所示的双链表方法表示。广义表的双链表表示法较单链表表示法更方便一些。

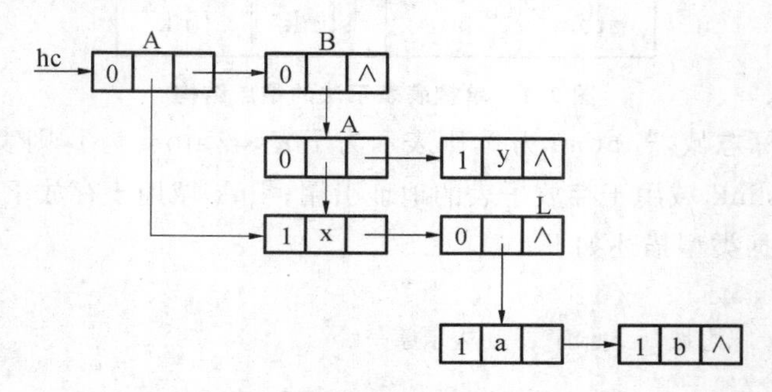

图 7.4　广义表的双链表表示法

任务 3　广义表的基本运算

广义表有许多运算，以下简要介绍几种：

1. 广义表的建立

假设广义表以单链表的形式存储，广义表由键盘输入，并假定全部为字母，输入格式为：元素之间用逗号分隔，表元素的起止符号分别为左、右圆括号，最后使用一个分号作为整个广义表的结束。

例如，给定如下的广义表：

```
LS=(a,b,(c,d))
```

则从键盘输入的数据为：(a,b,(c,d));↙，回车键表示回车换行。具体算法描述如下。

```
public void create (SNode ls,String glstr){
char c=glstr. charAt(0);
//获取当前字符类型
int type=Character . getType (c);
/* 当字符为'('时,表明当前结点为子表,则为当前结点创建一个子结点,递归调用 create 方法 */
if (c=='('){
  SNode slink=new SNode();
  ls.atom=0;
  ls.slink=slink;
  create(ls.slink,glstr .substring(1));
}
//当前字符为英文字母时,表明当前结点是一个原子
else if (type==Character. LOWERCASE_ LETTER
        || type==Character.UPPERCASE_ LETTER){
         ls.atom=1;
         ls.data=c;
         }
else{
      ls. slink=null;
      }
      glstr=glstr. substring(1);
      c=glstr.charAt(0) ;
      if(c==')'){
            glstr=glstr.substring(1);
            c=glstr. charAt(0) ;
            }
      if (ls=null) ;
      else if (c==','){
            ls.link=new SNode() ;
            create (ls.link,glstr. substring(1)) ;
            }
            else if(c==' ;'){
            ls.link=null;
            }
}
```

该算法的时间复杂度为 $O(n)$。

2. 取表头运算 head

若广义表 $LS=(a_1,a_2,\cdots,a_n)$,则 $head(LS)=a_1$。

取表头运算得到的结果可以是原子,也可以是一个子表。

例如,$head((a_1,a_2,a_3,a_4))=a_1$,$head(((a_1,a_2),(a_3,a_4),a_5))=(a_1,a_2)$。

3. 取表尾运算 tail

若广义表 $LS=(a_1,a_2,\cdots,a_n)$,则 $tail(LS)=(a_2,a_3,\cdots,a_n)$。

即取表尾运算得到的结果是由除表头以外的所有元素构成的子表，取表尾运算得到的结果一定是一个子表。

例如，$tail((a_1,a_2,a_3,a_4))=(a_2,a_3,a_4)$，$tail(((a_1,a_2),(a_3,a_4),a_5))=((a_3,a_4),a_5)$。

值得注意的是，广义表( )和(( ))是不同的，前者为空表，长度为0；后者的长度为1，可得到表头和表尾均为空表，即 head((( )))=( )，tail((( )))=( )。

习题7

一、简答题

1. 什么是广义表？请结合自己的理解谈一谈。

2. 常见的广义表表示方法有哪些？

项目 8 树与二叉树

知识目标

（1）掌握树和二叉树的相关概念。掌握二叉树的常见其他高级应用。

（2）掌握二叉树的存储方式及实现。

（3）了解树林、树的遍历，掌握二叉树的遍历及实现。

（4）能够针对具体应用问题的要求与性质，选择合适的存储结构设计出有效算法，解决与二叉树相关的实际问题。

能力目标

（1）培养学生运用所学理论解决实际问题的能力。

（2）培养学生实际动手调试 Java 程序能力。

任务 1 树

树是一种非线性结构，可用来描述有分支的结构，属于一种阶层性的非线性结构。从企业的组织架构、家族内的族谱，再到计算机领域中的操作系统与数据库管理系统等都是树状结构的衍生。

1. 树的相关概念

树(tree)是由 $n(n \geqslant 0)$ 个结点构成的有限集合。结点数为 0 的树称为空树，结点数大于 0 的树称为非空树。树的相关概念分别介绍如下。

● 结点：是树的数据元素，结点由数据元素和构造数据元素之间关系的指针组成。指针指向结点的子树的分支。图 8.1(a)所示的是一棵只有 1 个结点的树，图 8.1(b)所示的是一棵具有 12 个结点的树。

● 叶子结点和分支结点：将度为 0 的结点称为叶子结点，又称为终端结点。将度不为 0 的结点称为分支结点，又称为非终端结点。图 8.1(b)中的 E、F、G、H、J、K、L 都是叶子结点。A、B、C、D、I 结点都是分支结点。

● 孩子结点和双亲结点：某结点子树的根结点称为该结点的孩子结点。该结点称为孩子结点的双亲结点。如图 8.1(b)中的 B、C、D 结点是 A 结点的孩子结点，K 结点是 I 结点的孩子结点，相对应的 A 结点是 B、C、D 结点的双亲结点。

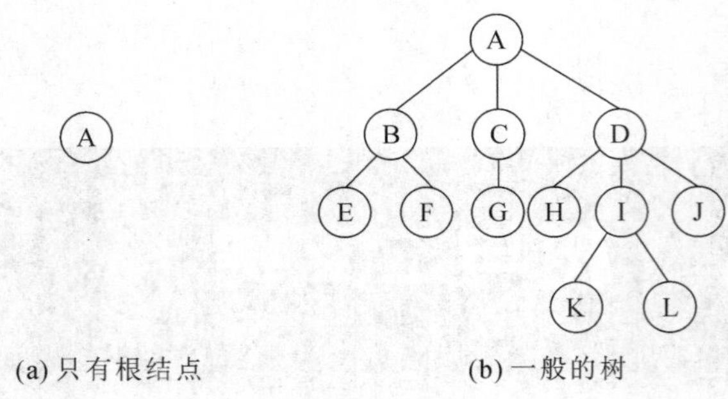

(a) 只有根结点　　(b) 一般的树

图 8.1　树

● 兄弟结点:具有同一双亲的结点互为兄弟结点。如图 8.1(b)中的 H、I、J 结点具有相同的双亲结点 D,所以称 H、I、J 结点为兄弟结点。

● 后裔和祖先:一个结点的所有子树上的任何结点都是该结点的后裔。该结点称为这些后裔结点的祖先。如图 8.1(b)中的 H、I、J、K、L 结点都是结点 D 后裔,A、D、I 结点称为 K 结点的祖先。

● 结点的层次:从根结点到树中某结点所经路径上的边数加 1 称为该结点的层次。根结点的层次规定为 1,其他结点的层次就是其双亲结点的层次数加 1。如图 8.1(b)中的 H 结点层次为 3。

● 树的深度:树中所有结点的层次的最大值称为该树的深度。如图 8.1(b)中的树深度为 4。

● 无序树:如果树中任意结点的各孩子结点的排列没有严格次序,可交换位置,则称该树为无序树。

● 有序树:如果树中任意结点的各孩子结点的排列有严格的次序,不可交换位置,则称该树为有序树。在有序树中,最左边的子树的根结点称为第一个孩子,最右边的孩子结点称为最后一个孩子。

● 森林:$n(n \geqslant 0)$棵树的集合称为森林。森林和树的概念相近,删除一棵树的根,则所有的子树形成森林;而为森林加上一个根,则森林就变成一棵树。

2. 树的表示方法

树的常用表示方法有四种,即图形表示法、文氏图表示法、广义表表示法和凹入表示法。

1) 图形表示法

用图形来表示树是一种直观的表示法,其中用圆圈表示结点,连线表示结点间的关系,并把树根画在上面。图形表示法主要用于直观描述树的逻辑结构。

2) 文氏图表示法

文氏图表示法采用集合的包含关系表示树。

3) 广义表表示法

以广义表的形式表示树,利用广义表的嵌套区间表示树的结构。

4) 凹入表示法(章节目录表示法)

其采用逐层缩进的方法表示树,分为横向凹入表示和竖向凹入表示。

3. 树的抽象数据类型

1) 数据集合

每个结点由数据元素和构造数据元素之间关系的指针组成。

2）操作集合

(1) ClearTree(T)：设置树 T 为空。

(2) Root(T)：求树 T 的根结点。

(3) InitTree(T)：初始化树 T。

(4) CreateTree(x,R)：生成以 x 为根结点，以森林 R 为子树的树。

(5) Parent(T,x)：求树 T 中 x 结点的双亲结点。

(6) SetParent(x,y)：把结点 x 置为以结点 y 为根结点的树的双亲结点。

(7) AddChild(y,i,x)：把以结点 x 为根的树置为结点 y 的第 i 棵子树。

(8) DeleteChild(x,i)：删除结点 x 的第 i 棵子树。

(9) LeftChild(x,y)：把结点 x 置为结点 y 的最左孩子结点。

(10) RightSibling(x,y)：把结点 x 置为结点 y 的右兄弟结点。

(11) Child(T,x,i)：求树 T 中 x 结点的第 i 棵子树。

(12) Traverse(T)：遍历树 T，即按某种顺序依次访问树中的每个结点，且只访问一次。

4. 树的存储结构

树的存储结构可以有多种形式，但由于树是多分支非线性结构，所以在计算机中通常采用多重链表存储，即每个结点有多个指针域，其中每个指针指向该结点的子树的根结点。

由于树中各结点的度数不同，所需的指针域个数也不同，因此结点一般有两种形式，即定长结点型和不定长结点型。

所谓定长结点型是指，每个结点的指针域个数均为树的度数，如图 8.2 所示。这种形式的运算处理方便，但由于树中很多结点的度数都小于树的度数，从而使链表中有很多空指针域，造成空间浪费。

图 8.2　定长结点型

所谓不定长结点型是指，每个结点的指针域个数为该结点的度数，如图 8.3 所示。由于各结点的度数不同，所以各结点的长度不同。为了处理方便，结点中除数据域和指针域之外，一般还增加一个称为“度(degree)”的域，用于存储该结点的度。这种形式虽能节省存储空间，但运算不便。

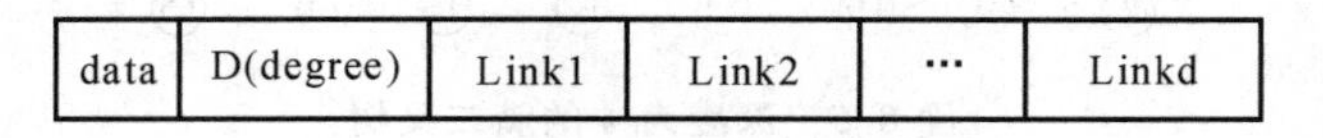

图 8.3　不定长结点型

任务 2　二叉树

二叉树是一种重要的数据结构类型，其特点在于任一结点最多有两个子树分支，二叉树的度为 2。在二叉树中，左右子树是严格区分的，子树的顺序不能随意颠倒。

1. 二叉树的相关概念

定义 二叉树是由 $n(n\geqslant 0)$ 个结点组成的有限集合，且每个结点最多有两个子树的有序树。它或者是空集，或者是由一个根和称为左、右子树的两个不相交的二叉树组成。

特点 ① 二叉树是有序树，即使只有一个子树，也必须区分左、右子树；② 二叉树的每个结点的度不能大于 2，只能取 0、1、2 三者之一；③ 二叉树中所有结点的形态有 5 种(见图 8.4)，即空结点、无左右子树的结点、只有左子树的结点、只有右子树的结点和具有左右子树的结点。

下面介绍两种特殊形式的二叉树。

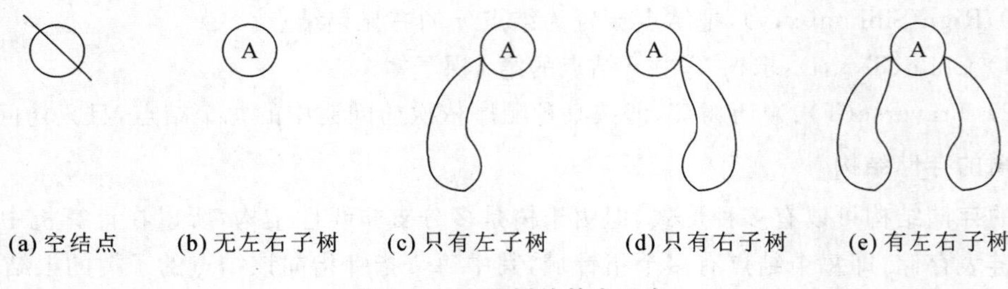

图 8.4　二叉树的基本形态

1) 满二叉树

深度为 h 且含有 $2h-1$ 个结点的二叉树称为满二叉树。如图 8.5 所示为一棵深度为 4 的满二叉树，结点的编号为自上而下，自左而右。图 8.5 是深度为 4 的满二叉树。

2) 完全二叉树

如果一棵有 n 个结点的二叉树，按满二叉树方式自上而下、自左而右对它进行编号，若树中所有结点和满二叉树 $1\sim n$ 编号完全一致，则称该树为完全二叉树。如图 8.6 所示，图 8.6(a)所示为完全二叉树，而图 8.6(b)所示则不是完全二叉树。

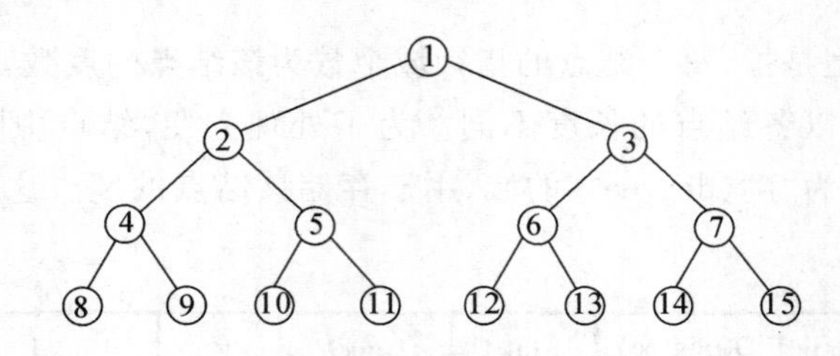

图 8.5　深度为 4 的满二叉树

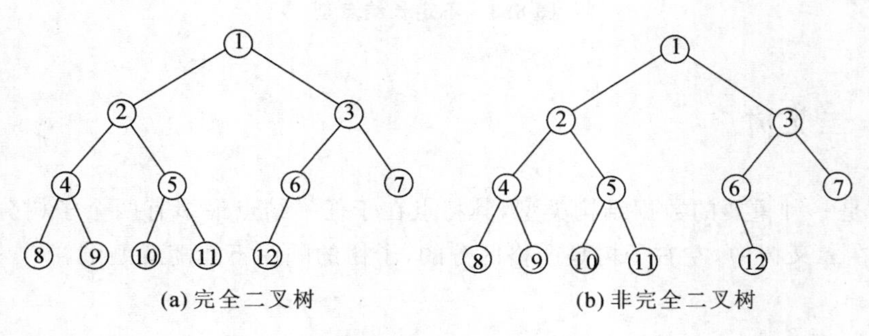

图 8.6　二叉树

2. 二叉树的性质

性质 1 二叉树的第 i 层上至多有 2^{i-1}（$i \geqslant 1$）个结点。

证明 用归纳法。

$i=1$,则结点数为 $2^{i-1}=2^0=1$ 个。

若已知 $i-1$ 层上结点数至多有 $2^{(i-1)-1}=2^{i-2}$ 个,而又由于二叉树每个结点的度数最大为 2,因此第 i 层上结点数至多为第 $i-1$ 层上结点数的 2 倍。即:

$$2 \times 2^{i-2}=2^{i-1}$$

证毕。

性质 2 深度为 h 的二叉树上最多有 2^h-1 个结点。

性质 3 任意一棵二叉树中,如果叶子结点的个数为 n_0,度为 2 的结点的个数为 n_2,则必然有 $n_0=n_2+1$。

证明 设 n_1 为度为 1 的结点数,则总结点数 n 为:

$$n = n_0 + n_1 + n_2 \tag{1}$$

在二叉树中,除根结点外其他结点都有一个指针与其双亲相连,若指针数为 b,则满足:

$$n = b + 1 \tag{2}$$

而这些指针又可以看成是由度为 1 和度为 2 的结点与它们孩子之间的联系,因此 b,n_1,n_2 之间的关系为:

$$b = n_1 + 2 \times n_2 \tag{3}$$

由式(2)(3) 可得:

$$n = n_1 + 2 \times n_2 + 1 \tag{4}$$

再比较式(1)(4) 可得:

$$n_0 = n_2 + 1$$

性质 4 具有 n 个结点的完全二叉树的深度为 $\lfloor \log_2 n \rfloor+1$(其中 $\lfloor x \rfloor$ 表示不大于 x 的最大整数)。

性质 5 若对有 n 个结点的完全二叉树进行顺序编号($1 \leqslant i \leqslant n$),那么对于编号为 i($i \geqslant 1$) 的结点,有:①当 $i=1$ 时,该结点为根,它无双亲结点;②当 $i>1$ 时,该结点双亲结点的编号为 $\lfloor i/2 \rfloor$;③若 $2i \leqslant n$,则有编号为 $2i$ 的左孩子,否则没有左孩子;④若 $2i+1 \leqslant n$,则有编号为 $2i+1$ 的右孩子,否则没有右孩子。

3. 二叉树的存储结构

树状结构在程序中的建立与应用大多数使用链表来处理,因为链表的指针用来处理树相当方便,只需改变指针即可。也可以采用数组这样连续内存来表示二叉树。使用数组或链表各有利弊。

如果要使用一维数组来存储二叉树,先将二叉树想象成一个满二叉树,而且第 k 个阶度具有 2^{k-1} 个节点,并且依序存放在此一维数组中。通常越接近满二叉树,则越节省空间,如果是歪斜树则最浪费空间。

例 8.1 下面是一个运用 Java 语言实现以数组建立二叉树的实例。请调试程序，得出运行结果。

具体程序如下。

```
import java.io.*;
class TreeNode {
      int value;
      TreeNode left_Node;
      TreeNode right_Node;
      public TreeNode(int value) {
        this.value=value;
        this.left_Node=null;
        this.right_Node=null;
      }
    }
class BinaryTree {
   public TreeNode rootNode;
   public BinaryTree(int[] data) {
      for(int i=0;i< data.length;i++)
        Add_Node_To_Tree(data[i]);
   }
   void Add_Node_To_Tree(int value) {
      TreeNode currentNode=rootNode;
      if(rootNode==null) {
        rootNode=new TreeNode(value);
        return;
      }
      while(true) {
        if (value< currentNode.value) {
            if(currentNode.left_Node==null) {
              currentNode.left_Node=new TreeNode(value);
              return;
            }
            else currentNode=currentNode.left_Node;
        }
        else {
            if(currentNode.right_Node==null) {
              currentNode.right_Node=new TreeNode(value);
              return;
            }
            else currentNode=currentNode.right_Node;
        }
      }
```

```
    }
  }
  public class CH08_02 {
    public static void main(String args[]) throws IOException {
        int ArraySize=10;
        int tempdata;
        int[] content=new int[ArraySize];
        BufferedReader keyin=new BufferedReader(new InputStreamReader(System.in));
        System.out.println("请连续输入"+ArraySize+"个数据");
        for(int i=0;i< ArraySize;i++) {
        System.out.print("请输入第"+(i+1)+"个数据：");
        tempdata=Integer.parseInt(keyin.readLine());
        content[i]=tempdata;
        }
        new BinaryTree(content);
        System.out.println("===以链表方式建立二叉树,成功!!! ===");
    }
  }
```

4. 二叉树的遍历

二叉树的遍历(binary tree traversal),最简单的说法就是"访问树中所有的结点各一次",并且在遍历后,将树中的数据转化为线性关系。其实二叉树的遍历,并不像之前所提到的线性数据结构那样简单,以如图 8.7 所示的简单的二叉树结点而言,每个结点都可分为左右两个分支,所以一共可以有 ABC、ACB、BAC、BCA、CAB、CBA 六种遍历方法。如果是按照二叉树特性,一律由左向右,就只剩下三种遍历方式,分别是 BAC、ABC、BCA。

这三种方式的命名与规则如下。

(1) 中序遍历:左子树→树根→右子树。

(2) 前序遍历:树根→左子树→右子树。

(3) 后序遍历:左子树→右子树→树根。

对于这三种遍历方式,各位读者只需要记住树根的位置就很容易分辨了。例如,中序法即树根在中间,前序法是树根在前面,后序法则是树根在后面。而遍历方式也一定是先左子树后右子树。下面对这三种方式进行更详尽的介绍。

1) *中序遍历*

中序遍历的顺序为:左子树→树根→右子树。中序遍历就是沿树的左子树一直往下,直到无法前进后再退回父结点,再沿右子树一直往下。如果右子树也处理完了,就退回上层的左结点,再重复左、中、右的顺序遍历。如图 8.8 所示二叉树的中序遍历为：DBEACF。

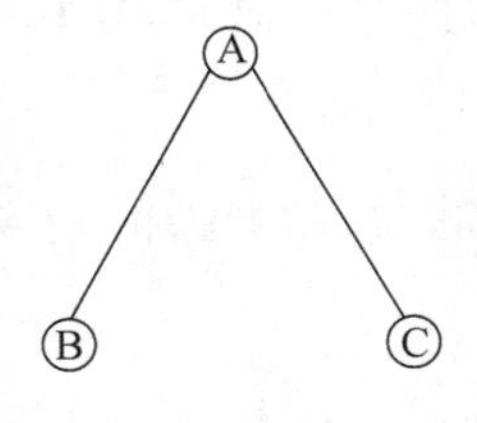

图 8.7　简单二叉树

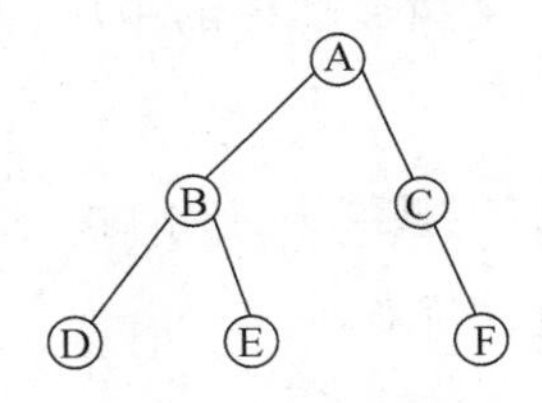

图 8.8　二叉树

中序遍历的递归算法如下。

```
public void inOrder (TreeNode node){
     if (node! =null) {
       inOrder (node.left_ Node);
       System.out.pirnt("["+node.value+"]");inOrder (node.right_ Node);
        }
}
```

2) 前序遍历

前序遍历的顺序为:树根→左子树→右子树。前序遍历就是从根结点开始处理,根结点处理完后沿左子树一直往下,直到无法前进再处理右子树。如图 8.8 所示二叉树的前序遍历为:ABDECF。

前序遍历的递归算法如下。

```
public void PreOrder (TreeNode node){
     if (node! =null){
     system.out.pirnt("["+node.valuet"]");
     preorder (node.left_ Noce);
     preorder (node.right_ Node);
     }
}
```

3) 后序遍历

后序遍历的顺序为:左子树→右子树→树根。后序遍历和前序遍历的方法相反,它是把左子树的结点和右子树的结点都处理完了才处理树根。如图 8.8 所示二叉树的后序遍历为:DEBFCA。

后序遍历的递归算法如下。

```
public void Postorder (TreeNode node){
  if (node! =null){
    Postorder (node.left_ Node);
    Postorder (node.right_ Node);
    System.out.pirnt("["+node,value+"]");
    }
}
```

4) 二叉树遍历的实现

下面我们来建立二叉树,并实现中序、前序与后序遍历。在程序中会预先指定二叉树的内容,并在遍历二叉树后把树的中序、前序和后序打印出来,比较三种遍历方式的不同之处。

例 8.2 以下是一个运用 Java 语言实现以二叉树中序、前序和后序遍历的实例。请调试程序,得出运行结果。

具体程序如下。

```
import java.io.*;
class TreeNode {
    int value;
    TreeNode left_Node;
    TreeNode right_Node;
    public TreeNode(int value){
      this.value=value;
      this.left_Node=null;
      this.right_Node=null;
    }
}
class BinaryTree {
    public TreeNode rootNode;
    public void Add_Node_To_Tree(int value){
    if (rootNode==null){
      rootNode=new TreeNode(value);
      return;}
    TreeNode currentNode=rootNode;
    while(true){
      if(value< currentNode.value){
        if(currentNode.left_Node==null){
          currentNode.left_Node=new TreeNode(value);
          return;
        }
        else
          currentNode=currentNode.left_Node;
      }
      else{
        if(currentNode.right_Node==null){
          currentNode.right_Node=new TreeNode(value);
          return;
        }
        else
          currentNode=currentNode.right_Node;
      }
    }
}
public void InOrder(TreeNode node){
    if(node!=null){
      InOrder(node.left_Node);
```

```
        System.out.print("["+node.value+"] ");
        InOrder(node.right_Node);
      }
  }
  public void PreOrder(TreeNode node){
      if (node!=null){
        System.out.print("["+node.value+"] ");
        PreOrder(node.left_Node);
        PreOrder(node.right_Node);
      }
  }
  public  void PostOrder(TreeNode node){
      if (node!=null){
        PostOrder(node.left_Node);
        PostOrder(node.right_Node);
        System.out.print("["+node.value+"] ");
      }
  }
   }
   public class CH08_03{
   public static void main(String args[]) throws IOException {
   int i;
   int arr[]={7,4,1,5,16,8,11,12,15,9,2};/*原始数组*/
   BinaryTree tree=new BinaryTree();
   System.out.print("原始数组内容:\n");
   for(i=0;i< 11;i++)
   System.out.print("["+arr[i]+"] ");
   System.out.println();
   for(i=0;i< arr.length;i++) tree.Add_Node_To_Tree(arr[i]);
   System.out.print("[二叉树的内容]\n");
   System.out.print("前序遍历结果:\n");
   tree.PreOrder(tree.rootNode);
   System.out.print("\n");
   System.out.print("中序遍历结果:\n");
   tree.InOrder(tree.rootNode);
   System.out.print("\n");
   System.out.print("后序遍历结果:\n");
   tree.PostOrder(tree.rootNode);
   System.out.print("\n");
   }
  }
```

此程序所建立的二叉树结构如图 8.9 所示。

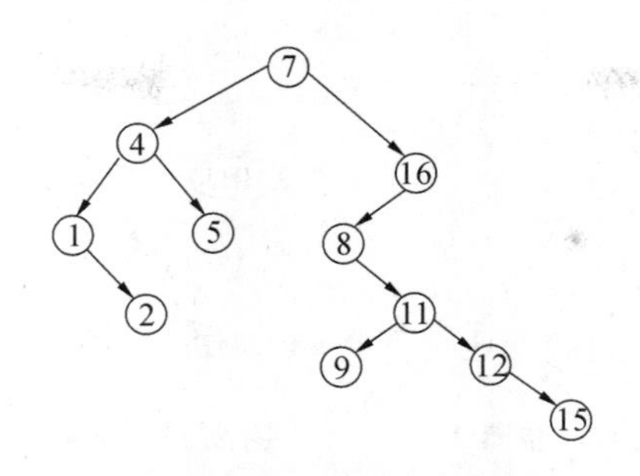

图 8.9 例 8.2 生成的二叉树

5）确定唯一的二叉树

在二叉树的三种遍历方法中，若有中序和前序的遍历结果或者中序和后序的遍历结果，可由这些结果求得唯一的二叉树。但如果只有前序和后序遍历结果是无法确定唯一二叉树的。

例 8.3 二叉树的中序遍历为 BAEDGF，前序遍历为 ABDEFG，请画出此唯一的二叉树。

解 中序遍历：左子树→树根→右子树。

前序遍历：树根→左子树→右子树。

(1) 步骤 1，如图 8.10 所示。

(2) 步骤 2，如图 8.11 所示。

(3) 步骤 3，如图 8.12 所示。

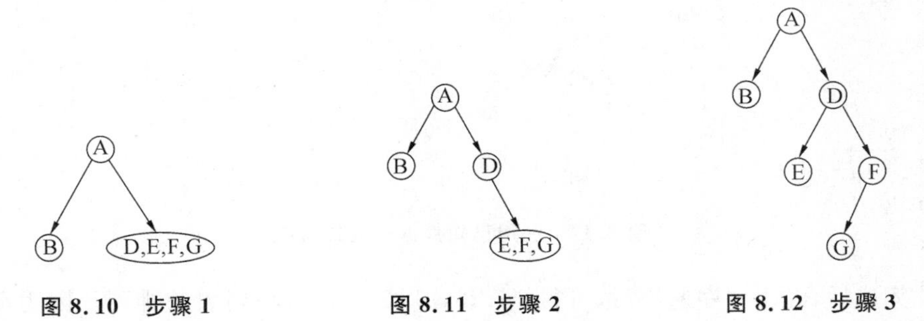

图 8.10 步骤 1　　图 8.11 步骤 2　　图 8.12 步骤 3

例 8.4 二叉树的中序遍历为 HBJAFDGCE，后序遍历为 HJBFGDECA，请画出此唯一的二叉树。

解 中序遍历：左子树→树根→右子树。

前序遍历：左子树→右子树→树根。

(1) 步骤 1，如图 8.13 所示。

(2) 步骤 2，如图 8.14 所示。

(3) 步骤 3，如图 8.15 所示。

(4) 步骤 4，如图 8.16 所示。

5. 其他二叉树的常见应用

除了之前介绍的二叉树的遍历方式，二叉树还有许多其他的应用，如二叉排序树、二叉搜索树等。

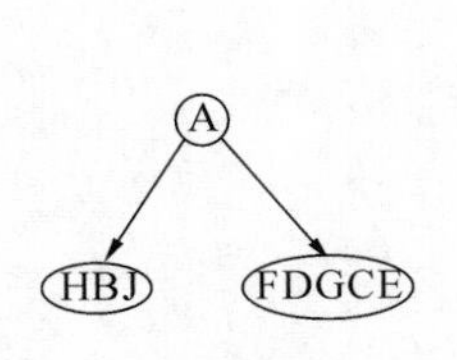

图 8.13　步骤 1

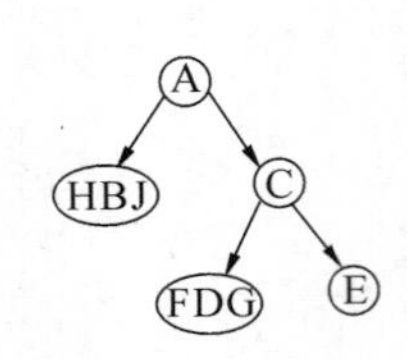

图 8.14　步骤 2

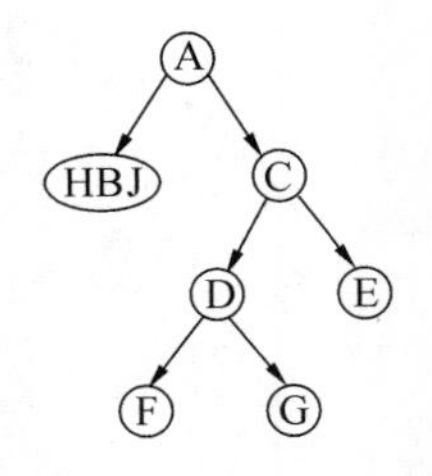

图 8.15　步骤 3

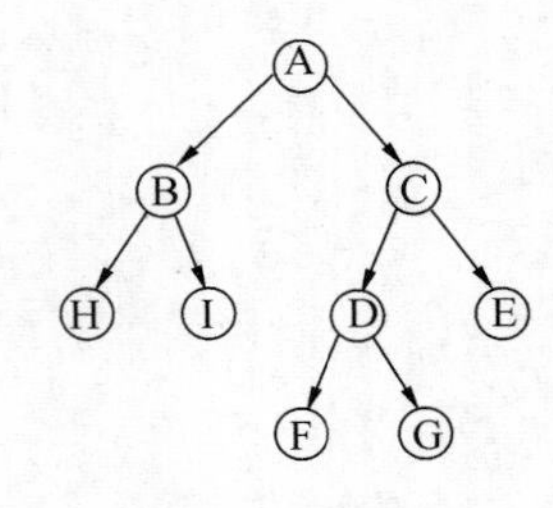

图 8.16　步骤 4

1) 二叉排序树

事实上,二叉树是一种很好的排序应用模式,因为在建立二叉树的同时,数据已经经过初步的比较,并按照二叉树的建立规则来存放数据,规则如下。

(1) 第一个输入数据当成此二叉树的树根。

(2) 之后的数以递归的方式与树根进行比较,小于树根置于左子树,大于树根则置于右子树。

从上面的规则我们可以知道,左子树内的值一定小于树根,而右子树的值一定大于树根。因此只要利用“中序遍历”方式就可以得到由小到大排序好的数据,如果是想由大到小排列,可将最后结果置于堆栈内再 POP 出来。

举例,我们用一组数据 32、25、16、35、27,来建立一棵二叉排序树,如图 8.17 所示。

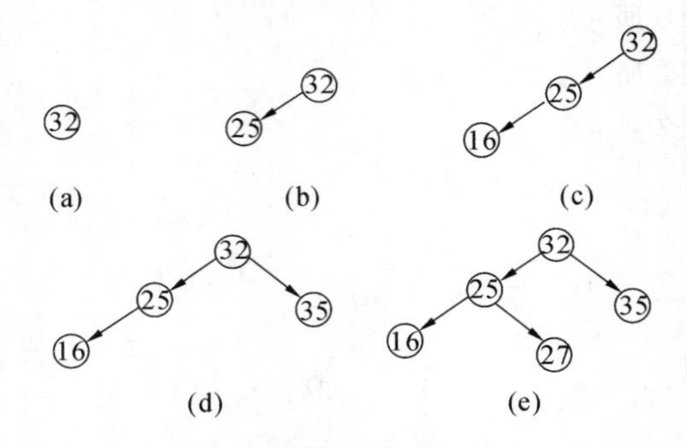

图 8.17　利用已知数据建立二叉树

建立完成后,经由中序遍历后,可得 16,25,27,32,35 由小到大的排列。因为在输入数据的同时就开始建立二叉树,所以完成数据输入,并建立二叉树后,经由中序遍历,就可以轻松完成排序。

例 8.5　下面是一个运用 Java 语言实现以二叉排序树的实例。请调试程序,得出运行结果。

具体程序如下。

```
import java.io.*;
class TreeNode {
    int value;
    TreeNode left_Node;
    TreeNode right_Node;
    public TreeNode(int value){
      this.value=value;
```

```
        this.left_Node=null;
        this.right_Node=null;
        }
    }
    class BinaryTree{
        public TreeNode rootNode;
        public BinaryTree(int[] data){
          for(int i=0;i< data.length;i++)
            Add_Node_To_Tree(data[i]);
        }
        void Add_Node_To_Tree(int value){
          TreeNode currentNode=rootNode;
          if(rootNode==null){
            rootNode=new TreeNode(value);
            return;
          }
          while(true){
            if(value< currentNode.value){
              if(currentNode.left_Node==null){
                currentNode.left_Node=new TreeNode(value);
                return;
              }
              else currentNode=currentNode.left_Node;
            }
          else{
            if(currentNode.right_Node==null){
              currentNode.right_Node=new TreeNode(value);
            return;
          }
          else currentNode=currentNode.right_Node;
        }
      }
    }
    }
      public void InOrder(TreeNode node){
          if(node! =null){
            InOrder(node.left_Node);
            System.out.print("["+node.value+"]");
            InOrder(node.right_Node);
          }
      }
      public void PreOrder(TreeNode node){
        if(node! =null){
```

```
            System.out.print("["+node.value+"]");
            PreOrder(node.left_Node);
            PreOrder(node.right_Node);
          }
        }
      public void PostOrder(TreeNode node){
        if(node! =null){
          PostOrder(node.left_Node);
          PostOrder(node.right_Node);
          System.out.print("["+node.value+"]");
        }
      }
    public class chap08_05 {
     public static void main(String[] args) throws IOException {
        int value;
        BinaryTree tree=new BinaryTree();
        BufferedReader keyin=new BufferedReader(new InputStreamReader(System.in));
        System.out.print("请输入数据,结束请输入-1:\n");
          while(true){
          value=Integer.parseInt(keyin.readLine());
            if(value==-1)
          break;
        tree.Add_Node_To_Tree(value);}
        System.out.print("===============:\n");
        System.out.print("排序完成结果:\n");
        tree.InOrder(tree.rootNode);
        System.out.print("\n");
      }
    }
```

2) 二叉搜索树

如果一个二叉树符合“每一个结点的数据大于左子结点且小于右子结点”,则这棵树便称为二分树。二分树便于排序和搜索,二叉排序树、二叉搜索树都是二分树的一种。当建立一棵二叉排序树之后,要清楚如何在一排序树中搜索一个数据。事实上,二叉搜索树或二叉排序树可以说是一体两面,没有分别。

二叉搜索树具有以下特点。

(1) 可以是空集合,但若不是空集合则结点上一定要有一个键值。

(2) 每一个树根的值需大于左子树的值。

(3) 每一个树根的值需小于右子树的值。

(4) 左右子树也是二叉搜索树。

(5) 树的每个结点值都不相同。

基本上,只要懂二叉树的排序就可以理解二叉树的搜索。只需在二叉树中比较树根及要搜索的值,再按左子树<树根<右子树的原则遍历二叉树,就可找到要搜索的值。

例 8.6 以下是一个运用 Java 语言实现一个二叉搜索树的搜索程序，首先建立一个二叉搜索树，并输入要寻找的值。如果结点中有相等的值，会显示出搜索的次数。如果找不到这个值，也会显示信息提示没有找到。请调试程序，得出运行结果。

具体程序如下。

```
import java.io.*;
  class TreeNode {
    int value;
    TreeNode left_Node;
    TreeNode right_Node;
    public TreeNode(int value){
    this.value=value;
        this.left_Node=null;
        this.right_Node=null;
     }
  }
  class BinarySearch
  {
     public TreeNode rootNode;
     public static int count=1;
     public void Add_Node_To_Tree(int value)
     {
       if (rootNode==null)
       {
         rootNode=new TreeNode(value);
         return;
       }
       TreeNode currentNode=rootNode;
       while(true)
       {
         if(value< currentNode.value)
         {
           if(currentNode.left_Node==null)
           {
             currentNode.left_Node=new TreeNode(value);
             return;
           }
           else
             currentNode=currentNode.left_Node;
         }
         else
         {
           if(currentNode.right_Node==null)
```

```
            {
              currentNode.right_Node=new TreeNode(value);
              return;
          }
          else
              currentNode=currentNode.right_Node;
            }
          }
        }
        public boolean findTree(TreeNode node,int value)
        {
          if (node==null)
          {
            return false;
          }
          else if (node.value==value)
            {
            System.out.print("共搜索"+count+"次\n");
            return true;
                }
            else if (value< node.value)
            {
              count+=1;
              return findTree(node.left_Node,value);
            }
            else
            {
              count+=1;
              return findTree(node.right_Node,value);
            }
      }
    }
    public  class CH08_06{
    public static void main(String args[]) throws IOException
      {
      int i,value;
      int arr[]={7,4,1,5,13,8,11,12,15,9,2};
      System.out.print("原始数组内容: \n");
      for(i=0;i< 11;i++)
      System.out.print("["+arr[i]+"] ");
      System.out.println();
      BinarySearch tree=new BinarySearch();
      for(i=0;i< 11;i++) tree.Add_Node_To_Tree(arr[i]);
```

```
        System.out.print("请输入搜索值：");
        BufferedReader keyin=new BufferedReader(new InputStreamReader(System.in));
        value=Integer.parseInt(keyin.readLine());
        if(tree.findTree(tree.rootNode,value))
          System.out.print("您要找的值 ["+value+"] 已找到！！\n");
        else
          System.out.print("抱歉，没有找到 \n");
        }
      }
```

上述程序的二叉树的结构如图 8.18 所示。

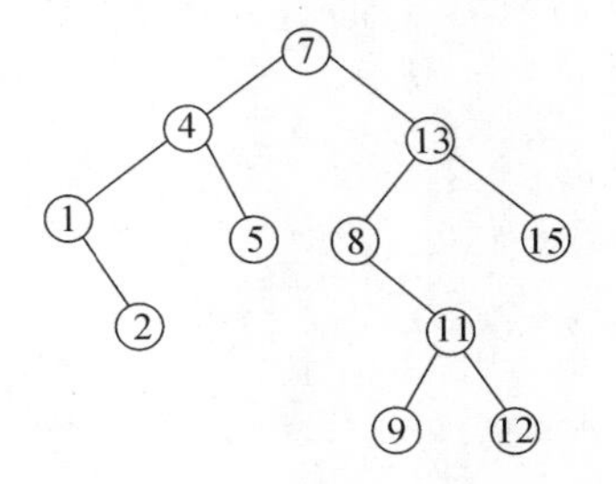

图 8.18　例 8.6 图

3）线索二叉树

我们之前使用链表建立的 n 结点二叉树，会发现用来指向左右两结点的指针只有 $n-1$ 个链接，另外的 $n+1$ 个指针都是空链接。

所谓线索二叉树（threaded binary tree）就是把这些空的链接加以利用，再指向树的其他结点，而这些链接就称为线索（thread），而这棵树就称为线索二叉树（threaded binary tree）。将二叉树转换为线索二叉树的步骤如下。

- 步骤 1：先将二叉树通过中序遍历方式按序排出，并将所有空链接改成线索。
- 步骤 2：如果线索链接指向该结点的左链接，将该线索指向中序遍历顺序下前一个结点。
- 步骤 3：如线索链接指向该结点的右链接，则将该线索指向中序遍历顺序下的后一个结点。

步骤 4：指向一个空结点，并将此空结点的右链接指向自己，而空结点的左子树是此线索二叉树。

线索二叉树的基本结构如图 8.19 所示，分别介绍如下。

图 8.19　线索二叉树的基本结构

- LBIT：左控制位。
- LCHILD：左子树链接。
- DATA：结点数据。
- RCHILD：右子树链接。
- RBIT：右控制位。

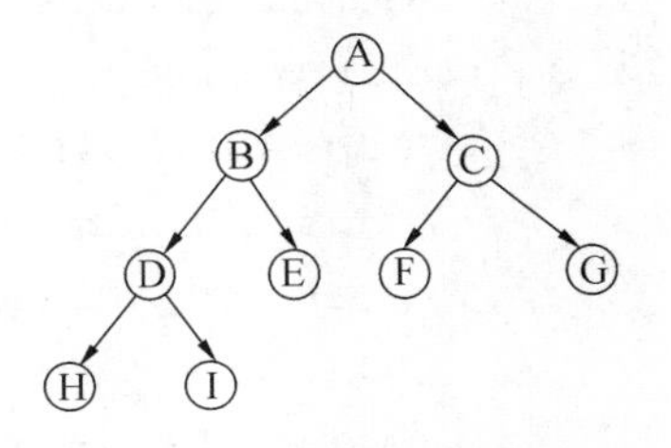

图 8.20　二叉树实例

其与链表所建立的二叉树不同之处在于，为了区别正常指针或线索而加入的两个字段：LBIT 及 RBIT。如果 LCHILD 为正常指针，则 LBIT=1；如果 LCHILD 为线索，则 LBIT=0。如果 RCHILD 为正常指针，则 RBIT=1；如果 RCHILD 为线索，则 RBIT=0。

下面通过一个实例简介如何将二叉树转换为线索二叉树。

（1）步骤 1：以中序遍历二叉树 HDIBEAFCG，如图 8.20 所示。

(2) 步骤 2:找出相对应的线索二叉树,并按照 HDIBEAFCG 顺序求得图 8.21。

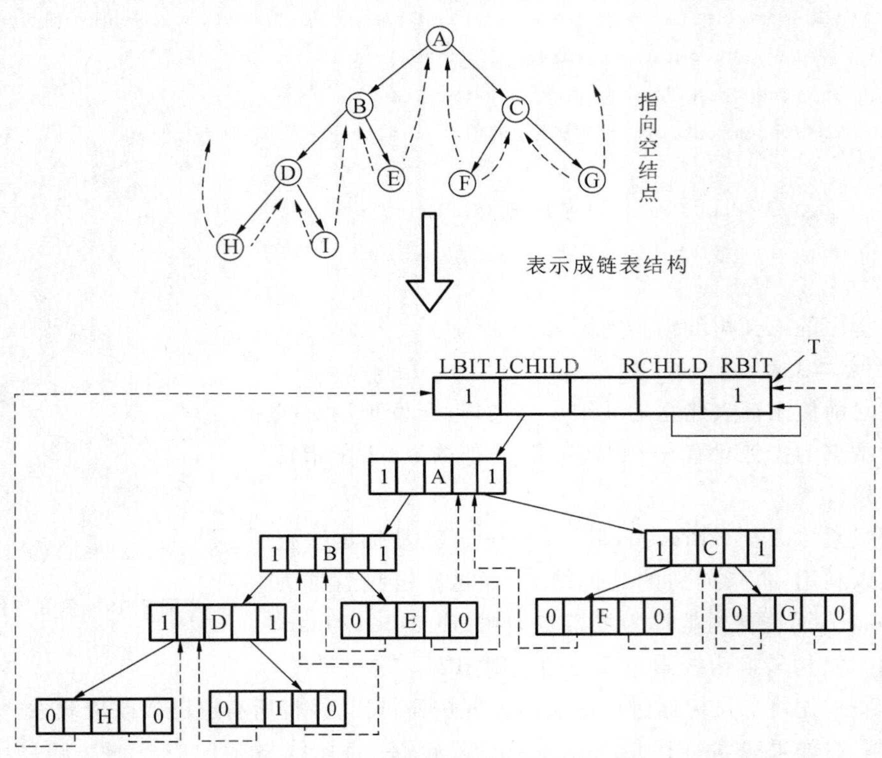

图 8.21 将二叉树转换为线索二叉树

例 8.7 下面是一个运用 Java 语言实现一个线索二叉树的建立和中序遍历,利用线索二叉树来追踪某一结点 x 的中序前驱与中序后继。请调试程序,得出运行结果。

具体程序如下。

```
import java.io.*;
class ThreadNode{
    int value;
    int left_Thread;
    int right_Thread;
    ThreadNode left_Node;
    ThreadNode right_Node;
    public ThreadNode(int value){
        this.value=value;
        this.left_Thread=0;
        this.right_Thread=0;
        this.left_Node=null;
        this.right_Node=null;
    }
}
class Threaded_Binary_Tree{
  public ThreadNode rootNode;
  public Threaded_Binary_Tree(){
```

```
        rootNode=null;
    }
    public Threaded_Binary_Tree(int data[]){
        for(int i=0;i<data.length;i++)
            Add_Node_To_Tree(data[i]);
    }
    void Add_Node_To_Tree(int value){
        ThreadNode newnode=new ThreadNode(value);
        ThreadNode current;
        ThreadNode parent;
        ThreadNode previous=new ThreadNode(value);
        int pos;
        if(rootNode==null){
          rootNode=newnode;
          rootNode.left_Node=rootNode;
          rootNode.right_Node=null;
          rootNode.left_Thread=0;
          rootNode.right_Thread=1;
          return;
      }
      current=rootNode.right_Node;
      if(current==null){
          rootNode.right_Node=newnode;
          newnode.left_Node=rootNode;
          newnode.right_Node=rootNode;
          return;
      }
      parent=rootNode;
      pos=0;
      while(current!=null){
          if(current.value> value){
              if(pos!=-1) {
                pos=-1;
                previous=parent;
              }
              parent=current;
              if(current.left_Thread==1)
                current=current.left_Node;
              else
                current=null;
          }
          else{
            if(pos!=1) {
```

```
            pos=1;
            previous=parent;
          }
          parent=current;
          if(current.right_Thread==1)
            current=current.right_Node;
          else
            current=null;
          }
      }
      if(parent.value> value){
          parent.left_Thread=1;
          parent.left_Node=newnode;
          newnode.left_Node=previous;
          newnode.right_Node=parent;
      }
      else{
          parent.right_Thread=1;
          parent.right_Node=newnode;
          newnode.left_Node=parent;
          newnode.right_Node=previous;
      }
      return;
  }
  void print(){
      ThreadNode tempNode;
      tempNode=rootNode;
      do{
          if(tempNode.right_Thread==0)
              tempNode=tempNode.right_Node;
          else
          {
              tempNode=tempNode.right_Node;
              while(tempNode.left_Thread!=0)
                  tempNode=tempNode.left_Node;
          }
          if(tempNode!=rootNode)
              System.out.println("["+tempNode.value+"]");
          }while(tempNode!=rootNode);
      }
  }
  public class CH06_07 {
      public static void main(String[] args)throws IOException{
```

```
            System.out.println("线索二叉树经建立后,已中序追踪能有排序的效果");
            System.out.println("除了第一个数字作为线索二叉树的开头节点外");
            int[] data1={0,10,20,30,100,165,416,354};
            Threaded_Binary_Tree tree1=new Threaded_Binary_Tree(data1);
            System.out.println("==================");
            System.out.println("范例 1");
            System.out.println("数字由小到大的排序顺序结果为:");
            tree1.print();
            int[] data2={0,101,118,87,12,765,65};
            Threaded_Binary_Tree tree2=new Threaded_Binary_Tree(data2);
            System.out.println("==================");
            System.out.println("范例 2");
            System.out.println("数字由小到大的排序顺序结果为:");
            tree2.print();
        }
    }
```

任务 3 树、树林与二叉树

二叉树只是树状结构的特例,广义的树状结构其父结点可拥有多个子结点,这样的树称为多叉树。由于二叉树的链接浪费率最低,因此如果把树转换为二叉树,就会增加许多操作上的便利,且步骤简单。

1. 树转换为二叉树

将一般树状结构(见图 8.22)转化为二叉树的具体步骤如下。

(1) 步骤 1:将结点的所有兄弟结点,用平行线连接起来,如图 8.23 所示。

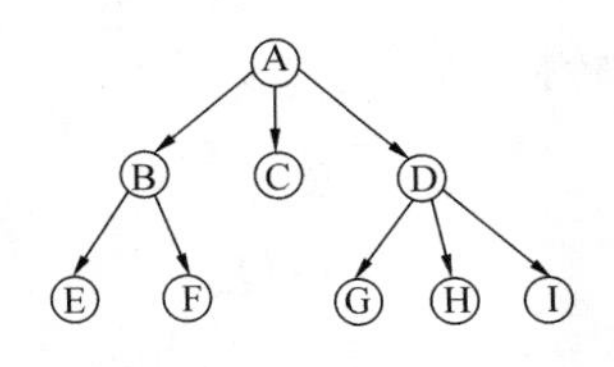

图 8.22 一般树状结构

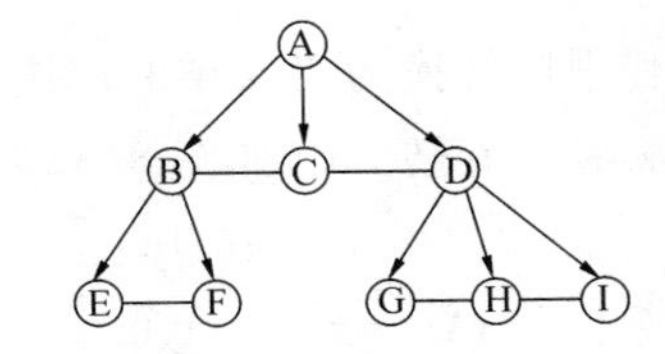

图 8.23 步骤 1

(2) 步骤 2:删掉所有与子结点间的链接,只保留与最左子结点的链接,如图 8.24 所示。

(3) 步骤 3:顺时针旋转 45°,如图 8.25 所示。

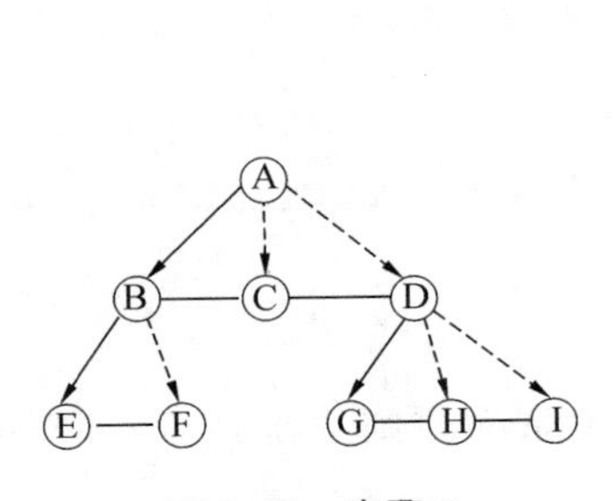

图 8.24 步骤 2

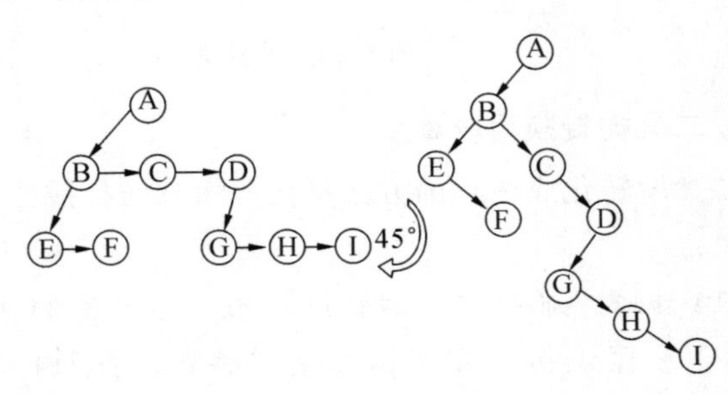

图 8.25 步骤 3

2. 二叉树转换成树

树可以转换成二叉树，二叉树(见图 8.26)也可以转换成树，具体步骤如下。

(1) 步骤 1：逆时针旋转 45°，如图 8.27 所示。

(2) 步骤 2：由于(ABE)(DG)左子树代表父子关系，而(BCD)(EF)(GH)右子树代表兄弟关系，如图 8.28 所示。

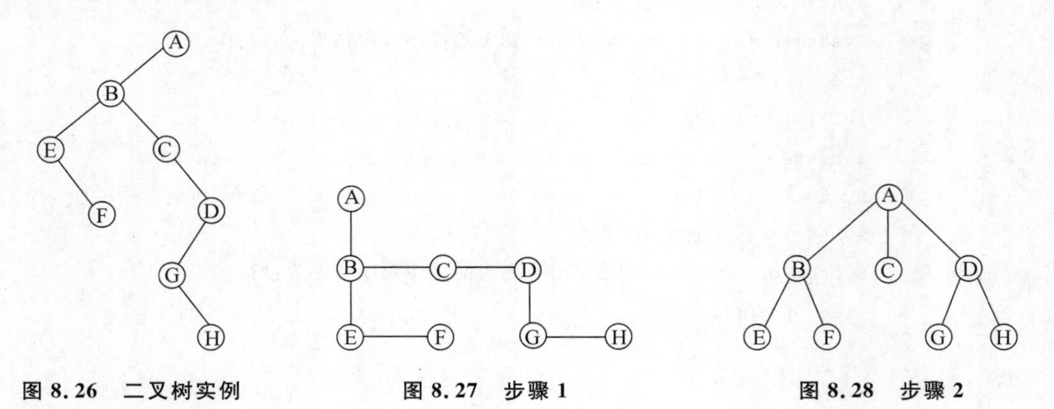

图 8.26　二叉树实例　　　图 8.27　步骤 1　　　图 8.28　步骤 2

3. 树林转换为二叉树

除了一棵树可以转化为二叉树，树林(见图 8.29)也可以转换成二叉树，具体步骤如下。

(1) 步骤 1：将各树的树根由左至右连接，如图 8.30 所示。

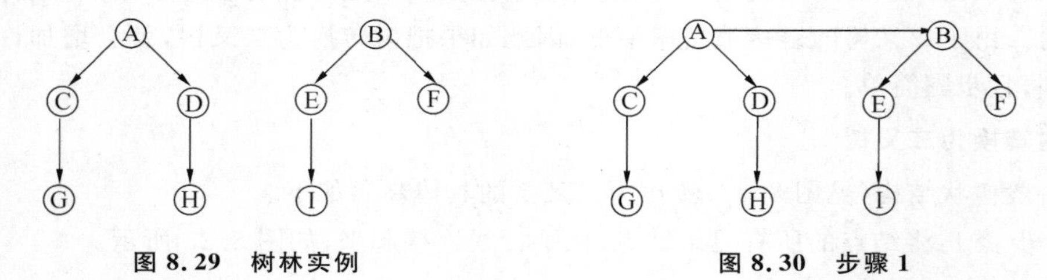

图 8.29　树林实例　　　图 8.30　步骤 1

(2) 步骤 2：利用树转换为二叉树的原则进行转换，如图 8.31 所示。

(3) 步骤 3：顺时针旋转 45°，如图 8.32 所示。

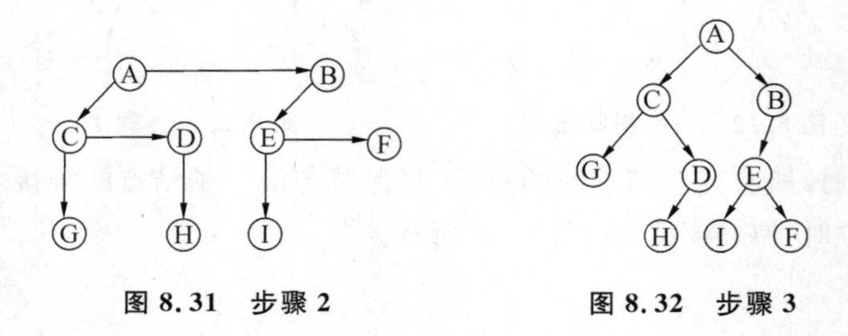

图 8.31　步骤 2　　　图 8.32　步骤 3

4. 二叉树转换为树林

二叉树转化成树林的方法是按照树林转换成二叉树的方法倒推回去，如图 8.33 所示的二叉树。

(1) 步骤 1：将原图逆时针旋转 45°，如图 8.34 所示。

(2) 步骤 2：按照左子树为父子关系，右子树为兄弟关系的原则逐步划分，如图 8.35 所示。

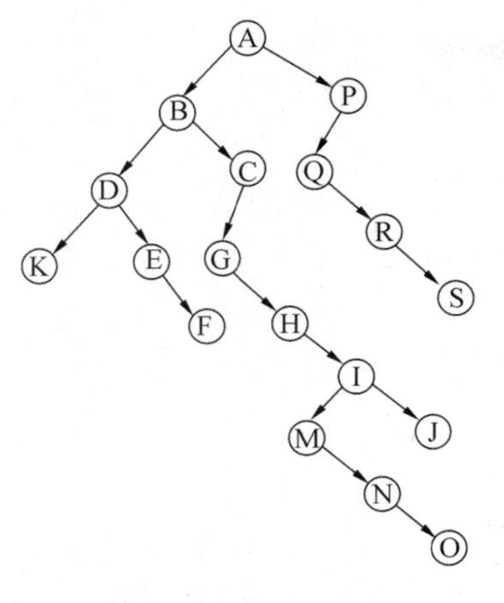

图 8.33 二叉树实例

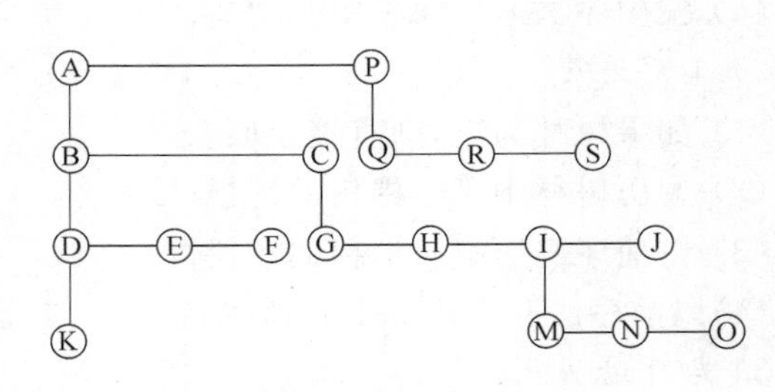

图 8.34 步骤 1

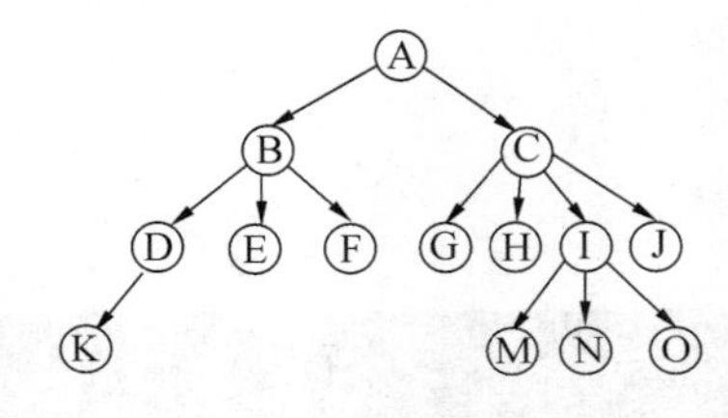

图 8.35 步骤 2

任务4 树与树林的遍历

除了二叉树的遍历可以有中序遍历、前序遍历与后序遍历三种方式外，树与树林的遍历也是这三种。假设树根为 R，且此树有 n 个结点，并可分成图 8.36 所示的 m 个子树，分别是 $T_1, T_2, T_3, \cdots, T_m$。

1. 树的遍历

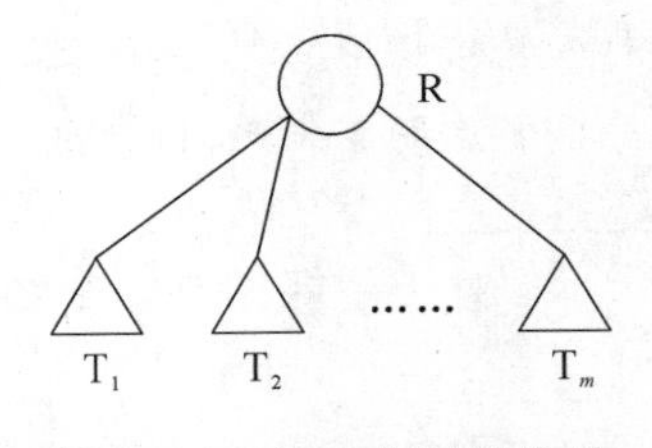

图 8.36 有 m 个子树的树

则此树的三种遍历方式的步骤如下。

1）中序遍历

（1）以中序法遍历 T_1。

（2）访问树根 R。

（3）再以中序法遍历 $T_2, T_3, \cdots, T_m$。

2）前序遍历

（1）访问树根 R。

（2）再以前序法遍历 $T_2, T_3, \cdots, T_m$。

3）后序遍历

（1）以后序法遍历 $T_1, T_2, T_3, \cdots, T_m$。

（2）访问树根 R。

2. 树林的遍历

树林的遍历则由树的遍历衍生过来，具体步骤如下。

1）中序遍历

(1) 如果树林为空，则直接返回。

(2) 以中序遍历第一棵树的子树群。

(3) 中序遍历树林中第一棵树的树根。

(4) 按中序法遍历树林中其他树。

2）前序遍历

(1) 如果树林为空，则直接返回。

(2) 遍历树林中第一棵树的树根。

(3) 以前序遍历第一棵树的子树群。

(4)以前序法遍历树林中其他树。

3）后序遍历

(1) 如果树林为空，则直接返回。

(2) 以后序遍历第一棵树的子树群。

(3) 以后序法遍历树林中其他树。

(4) 遍历树林中第一棵树的树根。

习题8

一、填空题

1. 假定一棵树广义表表示为 A(B(E),C(F(H,I,J),G),D)，该树的度为________，树的深度为________，终端结点的个数为________，单分支结点的个数为________，双分支结点的个数为________，三分支结点的个数为________，C 结点的双亲结点为________，其孩子结点为________和________结点。

2. 设 F 是一个森林，B 是由 F 转换得到的二叉树，F 中有 n 个非终端结点，则 B 中右指针域为空的结点有________个。

3. 对于一个有 n 个结点的二叉树，当它为一棵________二叉树时具有最小高度，即为________。当它为________棵单支树具有________高度，即为________。

4. 对于一棵具有 n 个结点的二叉树，当进行链接存储时，其二叉链表中的指针域的总数为________个，其中________个用于链接孩子结点，________个空闲着。

5. 在一棵二叉树中，度为 0 的结点个数为 n_0，度为 2 的结点个数为 n_2，则 n_0 = ________。

6. 一棵深度为 k 的满二叉树的结点总数为________个，一棵深度为 k 的完全二叉树的结点总数的最小值为________，最大值为________。

7. 由三个结点构成的叉树，共有________种不同的形态。

8. 设高度为 h 的二叉树中只有度为 0 和度为 2 的结点，则此类二叉树中所包含的结点数至少为________个。

二、选择题

1. 在一棵度为 3 的树中，度为 3 的结点数为 2 个，度为 2 的结点数为 1 个，度为 1 的结点数为 2 个，则度为 0 的结点数为(　　)个。

A. 4　　B. 5　　C、6　　D. 7

2. 假设在一棵二叉树中，双分支结点数为 15 个，单分支结点数为 30 个，则叶子结点数为(　　)个。

A. 15　　B. 16　　C. 17　　D. 47

3. 假定一棵三叉树的结点数为 50 个，则它的最小高度为(　　)。

A. 3　　B. 4　　C. 5　　D. 64

4. 在一棵二叉树上第 4 层的结点数最多为(　　)个。

A. 2　　B. 4　　C. 6　　D. 8

5. 用顺序存储的方法将完全二叉树中的所有结点逐层存放在数组中 RL[n]，结点 RE若有左孩子，其左孩子的编号为结点(　　)。

A. $R[2i+1]$　　B. $R[2i]$　　C. $R[i/2]$　　D. $R[2i-1]$

6. 线索二叉树是一种(　　)结构。

A. 逻辑　　B. 逻辑和存储　　C. 物理　　D. 线性

7. 线索二叉树中，结点 p 没有左子树的充要条件是(　　)。

A. p. lChild＝null　　B. p. ltag＝1

C. p. ltag＝1 且 p. lChild＝null　　D. 以上都不对

8. 下面叙述正确的是(　　)。

A. 二叉树是特殊的树　　B. 二叉树等价于度为 2 的树

C. 完全二叉树必为满二叉树　　D. 二叉树的左右子树有次序之分

9. 任何一棵二叉树的叶子结点在先序、中序和后序遍历序列中的相对次序(　　)。

A. 不发生改变　　B. 发生改变

C. 不能确定　　D. 以上都不对

10. 已知一棵完全二叉树的结点总数为 9 个，则最后一层的结点数为(　　)个。

A. 1　　B. 2　　C. 3　　D. 4

11. 根据先序序列 ABDC 和中序序列 DBAC 确定对应的二叉树，该二叉树(　　)。

A. 是完全二叉树　　B. 不是完全二叉树

C. 是满二叉树　　D. 不是满二叉树

三、判断题

(　　)1. 二叉树中每个结点的度不能超过 2，所以二叉树是一种特殊的树。

(　　)2. 二叉树的前序遍历中，任意结点均处在其子女结点之前。

(　　)3. 线索二叉树是一种逻辑结构。

(　　)4. 由二叉树的先序序列和后序序列可以唯一确定一颗二叉树。

(　　)5. 树的后序遍历与其对应的二叉树的后序遍历序列相同。

(　　)6. 根据任意一种遍历序列即可唯一确定对应的二叉树。

(　　)7. 满二叉树也是完全二叉树。

(　　)8. 树的子树是无序的。

四、应用题

1. 已知树边的集合为{〈i,m〉,〈i,n〉,〈e,i〉,〈b,e〉,〈b,d〉,〈a,b〉,〈g,j〉,〈g,k〉,〈c,g〉,〈c,f〉,〈h,l〉,〈c,h〉,〈a,c〉}，请画出这棵树，并回答下列问题。

（1）哪个是根结点？（2）哪些是叶子结点？（3）哪个是结点 g 的双亲？（4）哪些是结点 g 的祖先？（5）哪些是结点 g 的孩子？（6）哪些是结点 e 的孩子？（7）哪些是结点 e 的兄弟？哪些是结点 f 的兄弟？（8）结点 b 和 n 的层次号分别是什么？（9）树的深度是多少？（10）以结点 c 为根的子树深度是多少？

2. 一棵度为 2 的树与一棵二叉树有何区别？

3. 试分别画出具有 3 个结点的树和二叉树的所有不同形态。

4. 已知用一维数组存放的一棵完全叉树：ABCDEFGHUKL，写出该叉树的先序、中序和后序遍历序列。

5. 一棵深度为 h 的满 k 叉树有如下性质：第 h 层上的结点都是叶子结点，其余各层上每个结点都有 k 棵非空子树，如果按层次自上至下，从左到右顺序从 1 开始对全部结点编号，回答下列问题。

（1）各层的结点数目是多少？

（2）编号为 n 的结点的父结点如果存在，编号是多少？

（3）编号为 n 的结点的第 i 个孩子结点如果存在，编号是多少？

（4）编号为 n 的结点有右兄弟的条件是什么？其右兄弟的编号是多少？

6. 找出所有满足下列条件的二叉树。

（1）它们在先序遍历和中序遍历时，得到的遍历序列相同。

（2）它们在后序遍历和中序遍历时，得到的遍历序列相同。

（3）它们在先序遍历和后序遍历时，得到的遍历序列相同。

7. 假设一棵二叉树的先序序列为 EBADCFHGIKJ，中序序列为 ABCDEFGHIJK，请写出该二叉树的后序遍历序列。

项目 9 图

知识目标

(1) 掌握图的相关概念。

(2) 掌握图的存储方式及实现。

(3) 了解有关图的算法及实现。

(4) 能够针对具体应用问题的要求与性质,选择合适的存储结构设计出有效算法,解决与图相关的实际问题。

能力目标

(1) 培养学生运用所学理论解决实际问题的能力。

(2) 培养学生实际动手调试 Java 程序能力。

任务 1 图的相关概念及其抽象数据类型

在前面的项目中我们已经学习了一种非线性结构——树。在树型结构中,数据元素之间存在着明显的层次关系,每一层中的数据元素可能与下一层中几个数据元素相关(即可以拥有多个子女结点),但却最多只能和上一层的一个数据元素相关(即最多只能有一个双亲结点)。本项目将讨论的另一种非线性结构——图,则没有这种限制,图的数据元素之间的关系可以是多对多的,而且不必存在明显的线性或层次关系。显然,图是一种比树更为复杂的非线性数据结构。

图在各个领域的应用十分广泛。在计算机应用领域中,如开关理论、逻辑设计、人工智能、形式语言、操作系统、编译程序以及信息检索等,图都起着重要的作用。在其他领域如电路分析、项目规划、遗传学、控制论以及一些社会科学中,图的应用也非常普遍。有关图论的内容是离散数学的主要内容之一,本章将主要讨论图在计算机中的存储表示、操作的实现及典型的应用算法等。

1. 图的相关概念

1) 图的基本定义

图(graph)是一种网状数据结构,图是由结点(vertices)集合 V 和边(edges)集合 E 组成的。图中的结点又称为顶点,结点之间的关系称为边。图 G 的二元组定义如下。

$$G=(V,E)$$

其中，V 是结点的有限非空集合，E 是边的有限集合。即：

V＝{u|u∈构成图的数据元素集合}

E＝{(u,v)|u,v∈V}或 E＝{＜u,v＞| u,v∈V}

其中，(u,v)表示结点 u 与结点 v 的一条无序偶，即(u,v)没有方向；而＜u,v＞表示从结点 u 到结点 v 的一条有序偶，即＜u,v＞是有方向的。通常，图 G 的结点集合和边集合分别记为 V(G)和 E(G)。E(G)可以是空集，此时图 G 只有结点没有边。

2）无向图和有向图

在一个图 G 中，如果两个结点之间构成的(u,v)∈E 是无序偶，则称该边是无向边。全部由无向边构成的图，称为无向图。

说明 用圆括号将一对结点括起来表示无向边，如(x,y)与(y,x)表示同一条边。

如图 9.1(a)所示，G_1 为无向图，G_1 的结点集合 V 和边集合 E 分别表示如下。

$V(G_1)$＝{A,B,C,D,E}

$E(G_1)$＝{(A,B),(A,E),(B,C),(B,D),(C,D),(C,E),(D,E)}

如图 9.1(b)所示，G_2 为有向图，G_2 的结点集合 V 和边集合 E 分别表示如下。

$V(G_2)$＝{A,B,C,D,E}

$E(G_2)$＝{＜A,B＞,＜B,C＞,＜C,D＞,＜C,E＞,＜E,D＞,＜D,B＞}

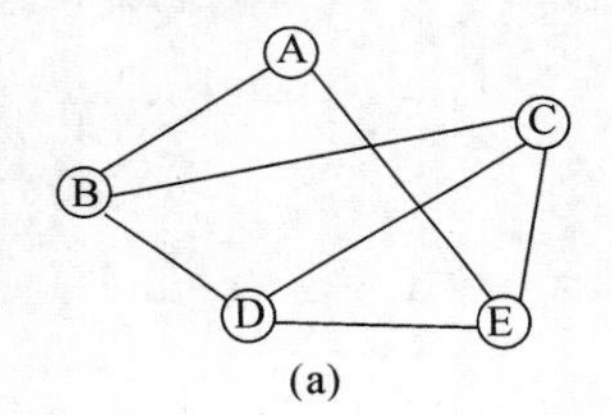

(a)

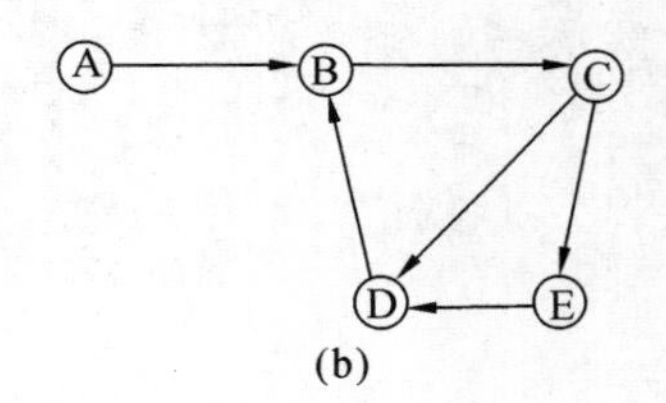

(b)

图 9.1 无向图和有向图

3）无向完全图和有向完全图

在一个无向图 G 中，如果 N 个顶点正好有 N(N－1)/2 条边，则称为完全图。在有 N 个顶点的有向图中，则有 N(N－1) 条边时，称为完全图。

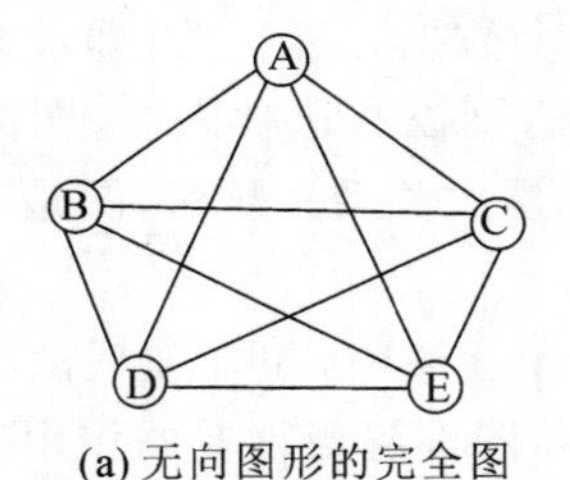

(a) 无向图形的完全图

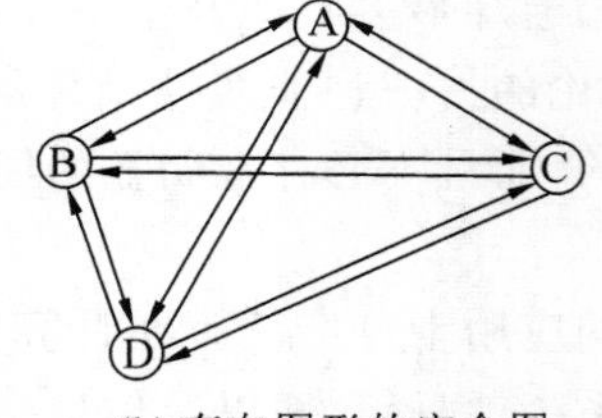

(b) 有向图形的完全图

图 9.2 无向完全图和有向完全图

4）子图

设有两个图 G＝(V,E)和 G′＝(V′,E′)，如果 V′是 V 的子集，即 V′⊂V，而且 E′是 E 的子集即 E′⊂E，则称 G′为 G 的子图。

5）路径

在图中，两个不同顶点间所经过的边称为路径，如图 9.3 中 G，A 到 E 的路径有{(A,B)、(B,E)}及{(A,B)、(B,C)、(C,D)、(D,E)}等。

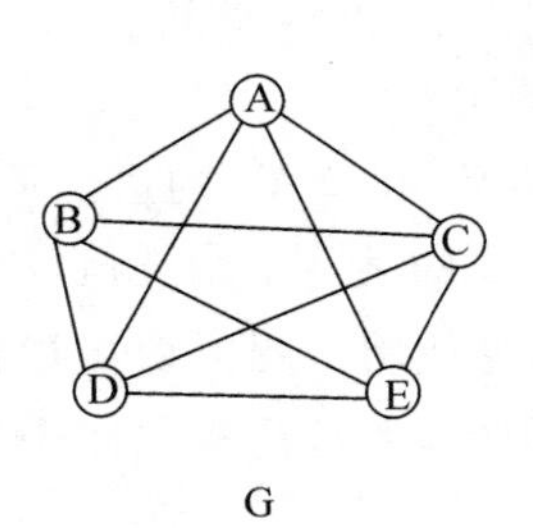

G

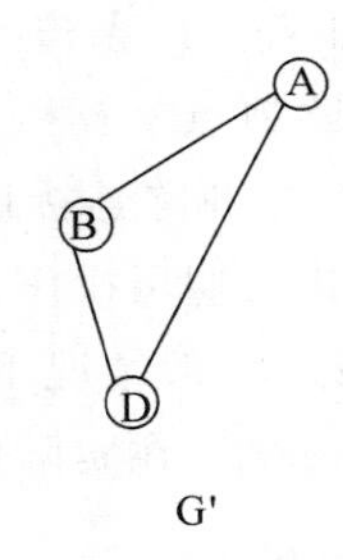

G'

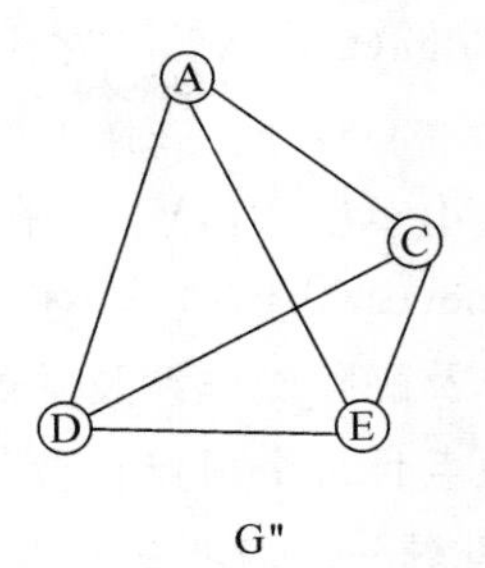

G"

图 9.3 子图

6) 回路

在图中，起始顶点及终止顶点为同一个点的简单路径称为回路，如图 9.3 的 G 中{(A, B)、(B,D)、(D,E)、(E,C)、(C,A)}起点及终点都是 A，称为一个回路。

7) 相连

在无向图形中，若顶点 v_i 到顶点 v_j 间存在路径，则 v_i 和 v_j 是相连的。

8) 相连图形

如果图形 G 中，任意两个顶点均相连，则称此图形为相连图形，否则称为非相连图形。

9) 路径长度

路径上所包含边的总数称为路径长度。

10) 相连单元

图形中相连在一起的最大子图总数称为相连单元。

11) 强相连

在有向图形中，若两个顶点间有两条方向相反的边，则称为强相连。

12) 度

在无向图中，一个点所拥有边的总数称为度。

13) 入、出度

在有向图行中，以顶点 v 为箭头终点的边的个数为入度，反之由 v 出发的箭头总数为出度。如图 9.4 中，A 的入度为 1，出度为 3。

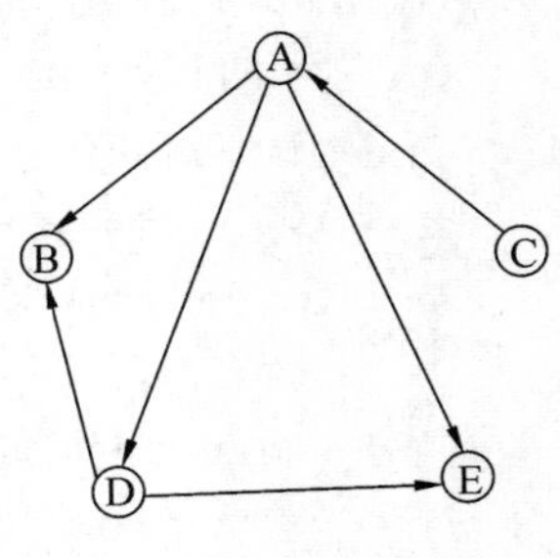

图 9.4 入、出度

2. 图的抽象数据类型描述

图是一种数据结构，加上一组基本操作，就构成了抽象数据类型。图的抽象数据类型定义如下。

(1) 数据元素：具有相同特性的数据元素的集合，称为顶点集。

(2) 结构关系：图中数据元素间的结构关系由图的定义确定。

(3) 基本操作：图具有以下的基本操作。

- CreateGraph(G,V,VR)　按给定的顶点集 V 与关系集 VR 构造图 G。
- FirstAdj(G,v)　求图 G 中顶点 v 的第一个邻接点。
- NextAdj(G,v,w)　求图 G 中顶点 v 的排在 w 之后的下一个邻接点(w 为 v 的邻接点)。
- InsertVex(G,v)　在图 G 中插入一个顶点 v。

- InsertEdge(G,v,v2)　在图 G 中插入一条连接顶点 v_j 和 v_2 的边。
- DeleteVex(G,v)　在图 G 中删除顶点 v 及相关的边。
- DeleteEdge(G,V_1,V_2)　在图 G 中删除连接顶点 V_1 和口 V_2 的边。
- Traverse(G,Visit())　对图 G 进行遍历操作,对 G 的某一个结点执行 Visit 操作。

插入操作及删除操作涉及图的修改,一般情况下较少使用。图的遍历操作是指访遍图中的每一个顶点且每个顶点只被访问一次。在实际应用中,通常是输出图中每一个顶点的相关信息,或对每一个顶点进行某种处理。

任务 2　图的存储方式

任务导入

任务 1　下面是一个运用 Java 语言实现运用相邻矩阵存储无向图的程序。请调试程序,得出运行结果。

具体程序如下。

```
import java.io. * ;
public class chap07_01 {
  public static void main(String args[]) throws IOException{
  int[][]data={{1,2},{2,1},{1,5},{5,1},{2,3},{3,2},{2,4},{4,2},{3,4},{3,4},{3,5},{5,
3},{4,5},{5,4}};
  int arr[][]=new int[6][6];
  int i,j,k,tmpi,tmpj;
  for(i=0;i<4;i++)
    for(j=0;j<6;j++)
      arr[i][i]=0;
    for(i=0;i<14;i++)
    for(j=0;j<6;j++)
      for(k=0;k<6;k++)
      {
        tmpi=data[i][0];
        tmpi=data[i][1];
        arr[tmpi][tmpi]=1;
      }
System.out.print("无向图性矩阵\n");
for(i=1;i<6;i++){
  for(j=1;j<6;j++)
    System.out.print("["+arr[i][j]+"]");
  System.out.print("\n");
  }
 }
}
```

任务2 下面是一个运用 Java 语言实现运用相邻矩阵存储有向图程序。请调试程序，得出运行结果。

具体程序如下。

```
import java.io.*;
public class CH07_02 {
    public static void main(String args[])throws IOException{
      int arr [][]=new int[5][5];
      int i,j,k,tmpi,tmpj;
      int [][] data={{1,2},{2,1},{2,3},{2,4},{4,3}};
      for(i=0;i<5;i++)
        for(j=0;j<5;j++)
          arr[i][j]=0;
        for(i=0;i<5;i++)
          for(j=0;j<5;j++){
            tmpi=data[i][0];
            tmpj=data[i][1];
            arr[tmpi][tmpj]=1;
          }
        System.out.print("有向图形矩阵:\n");
        for(i=1;i<5;i++){
          for(j=1;j<5;j++)
            System.out.print("["+arr[i][j]+"]");
          System.out.print("\n");
   }
   }
}
```

任务3 下面是一个运用 Java 语言实现运用相邻表存储无向图程序。请调试程序，得出运行结果。

具体程序如下。

```
import java.io.*;
class Node{
    int x;
    Node next;
    public Node(int x){
      this.x=x;
      this.next=null;}
}
class GraphLink{
  public Node first;
  public Node last;
  public boolean isEmpty(){
```

```
      return first==null;
    }
    public void print(){
        Node current=first;
        while(current!=null){
          System.out.print("["+current.x+"]");
          current=current.next;
      }
      System.out.println();}
      public void insert(int x){
        Node newNode=new Node(x);
        if(this.isEmpty()){
          first=newNode;
          last=newNode;
      }else{
      last.next=newNode;
      last=newNode;}
    }
  }
  public class CH07_03 {
      public static void main(String args[])throws IOException{
        int [][] Data={{1,2},{2,1},{1,5},{5,1},{2,3},{3,2},{2,4},{4,2},{3,4},{4,3},{3,
  5},{5,3},{4,5},{5,4}};
        int DateNum;
        int i,j;
        System.out.println("图形(a)的邻接表内容:");
        GraphLink Head[]=new GraphLink[6];
        for(i=1;i<6;i++){
          Head[i]=new GraphLink();
          System.out.print("顶点"+i+"=>");
          for(j=0;j<14;j++){
          if(Data[j][0]==i){
            DateNum=Data[j][1];
            Head[i].insert(DateNum);
          }
          }
          Head[i].print();
      }
      }
  }
```

知识点

1. 相邻矩阵

图形 A 有 n 个顶点，以 n×n 的二维矩阵表示，此矩阵定义如下。对于一个图形 G=(V,E)，假设有 n 个顶点，n≥1，则可以将 n 个顶点的图形，利用一个 n×n 二维矩阵来表示。其中，假如 A(i,j)=1，则表示图形中有一条边(v_i,v_j)存在；反之，若 A(i,j)=0，则没有一条边(v_i,v_j)存在。

相关特性说明：用相邻矩阵法表示图形共需要 n^2 空间，由于无向图的相邻矩阵一定具有对称关系，所以除去对角线全部为零外，仅需存储上三角形或下三角形的数据即可，因此仅需 n(n−1)/2 空间。下面举例说明，请以相邻矩阵表示图 9.5(a)所示的无向图。

由于上图中共有五个顶点，故适用 5×5 的二维数组存放图形。在上图中，先找出与顶点 1 相邻的顶点有哪些，将与顶点 1 相邻的顶点坐标填入相应的位置，最终完成如图 9.5(b)所示的矩阵，其他顶点以此类推，最终得到如图 9.6 所示的矩阵。

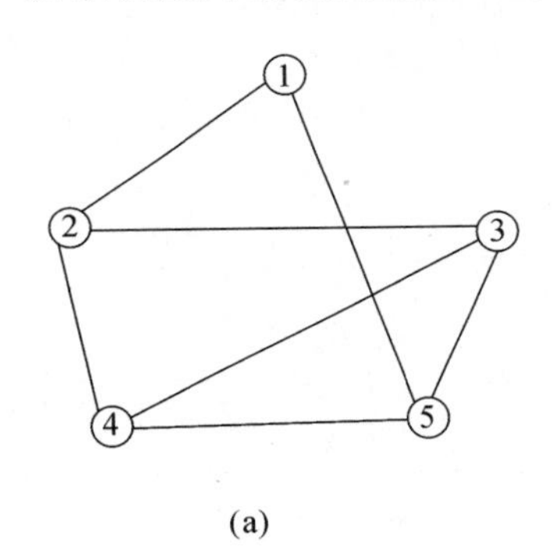

(a)

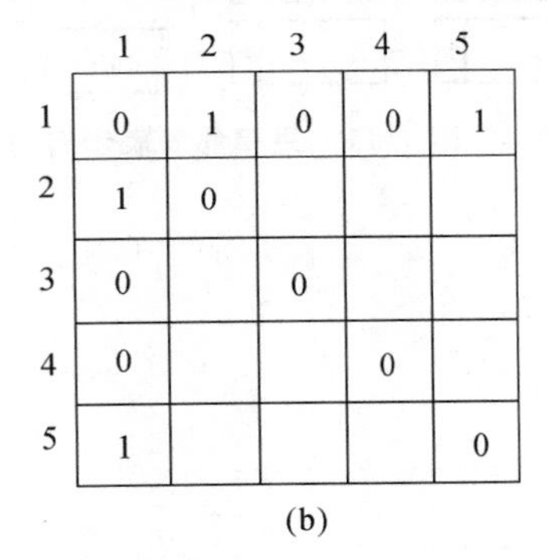

	1	2	3	4	5
1	0	1	0	0	1
2	1	0			
3	0		0		
4	0			0	
5	1				0

(b)

图 9.5 用相邻矩阵表示无向图

	1	2	3	4	5
1	0	1	0	0	1
2	1	0	1	1	0
3	0	1	0	1	1
4	0	1	1	0	1
5	1	0	1	1	0

图 9.6 最终矩阵

有向图的相邻矩阵表示和无向图一样，找出相邻的点并把边连接的两个顶点矩阵值填入相应的位置。不同的是其横坐标为出发点，纵坐标为终点。例如，图 9.7(a)所示的有向图可以表示为图 9.7(b)所示的相邻矩阵。

2. 相邻表

相邻表表示法以表结构来表示图形，类似于相邻矩阵，不过忽略掉矩阵中为零的部分，直接把 1 的部分放入结点，如此可以有效避免浪费存储空间。

相关特性说明：① 每一个顶点使用一个表；② 在无向图中，n 个顶点 e 个边共需 n 个表头节点及 2e 个结点；③ 有向图中则需 n 个表头节点和 e 个节点。如图 9.8 所示为一个无向图。

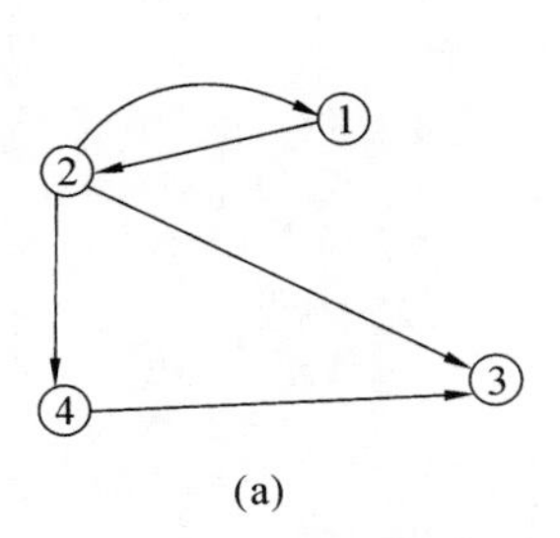

(a)

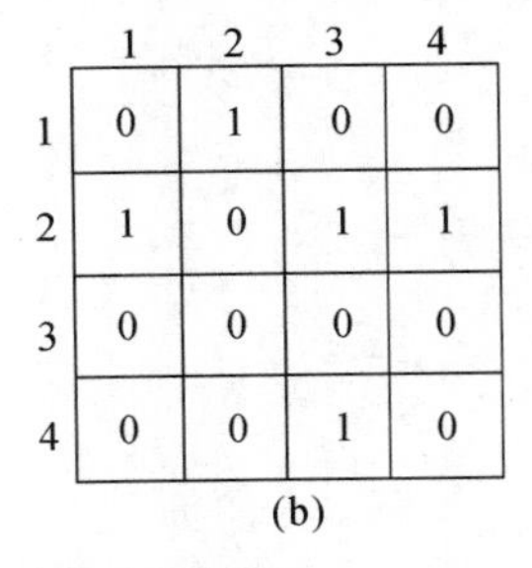

	1	2	3	4
1	0	1	0	0
2	1	0	1	1
3	0	0	0	0
4	0	0	1	0

(b)

图 9.7 用相邻矩阵表示有向图

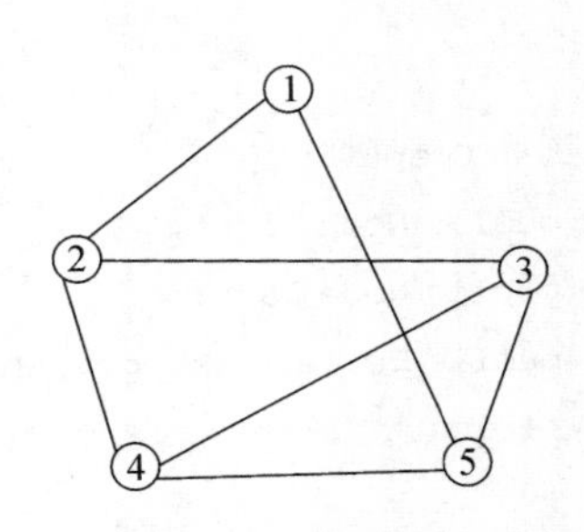

图 9.8 无向图示例

图 9.8 所示为无向图，有 5 个顶点，使用 5 个表头，如图 9.9 所示。

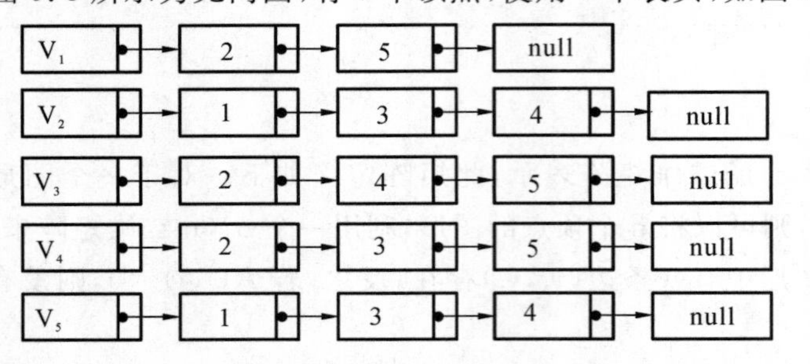

图 9.9　用相邻表表示无向图

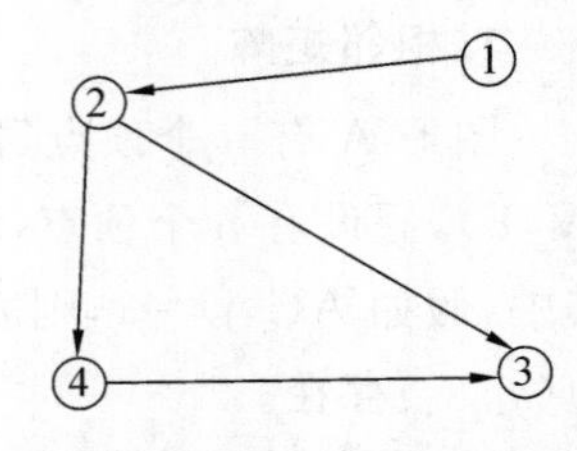

图 9.10　有向图示例

图 9.10 所示为有向图，有 4 个顶点使用 4 个表头，如图 9.11 所示。

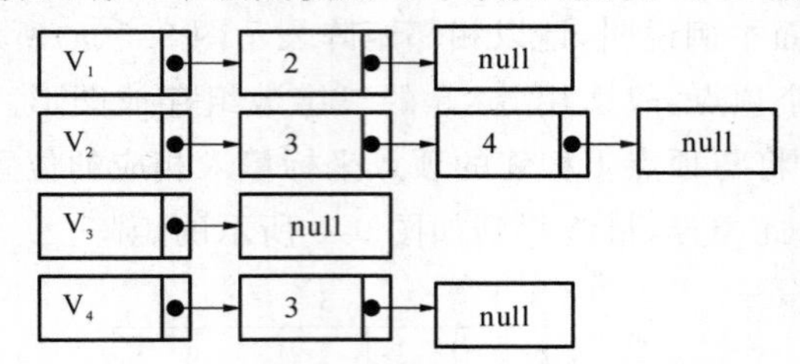

图 9.11　用相邻表表示有向图

任务 3　图的遍历

任务导入

任务 1　以下是一个运用 Java 语言实现图的深度优先遍历程序。请调试程序，得出运行结果。

具体程序如下。

```
import java.io.*;
class Node{
    int x;
    Node next;
    public Node(int x){
        this.x=x;
        this.next=null;
    }
}
class GraphLink{
  public Node first;
  public Node last;
  public boolean isEmpty(){
    return first==null;
  }
  public void print(){
```

```
    Node current=first;
    while(current!=null){
        System.out.print("["+current.x+"]");
        current=current.next;
    }
    System.out.println();
  }
  public void insert(int x){
    Node newNode=new Node(x);
    if(this.isEmpty()){
      first=newNode;
      last=newNode;
    }
      else{
      last.next=newNode;
      last=newNode;
    }
  }
}
public class CH07_04 {
    public static int run[]=new int[9];
    public static GraphLink Head[]=new GraphLink[9];
    public static void dfs(int current){
      run[current]=1;
      System.out.print("["+current+"]");
    while((Head[current].first)!=null){
      if(run[Head[current].first.x]==0)
        dfs(Head[current].first.x);
      Head[current].first=Head[current].first.next;
    }
 }
 public static void main(String args[]){
     int [][] Data={{1,2},{2,1},{1,5},{5,1},
          {2,3},{3,2},{2,4},{4,2},
          {3,4},{4,3},{3,5},{5,3},
          {4,5},{5,4},{5,8},{8,5},
          {6,8},{8,6},{1,3},{3,1}};
     int DataNum;
     int i,j;
     System.out.println("图形的邻接表内容:");
     for(i=1;i<9;i++){
       run[i]=0;
       Head[i]=new GraphLink();
```

```
        System.out.print("顶点"+i+"=> ");
        for(j=0;j<20;j++){
          if(Data[j][0]==i){
            DataNum=Data[j][1];
            Head[i].insert(DataNum);
          }
        }
        Head[i].print();
      }
      System.out.println("深度优先遍历顶点:");
      dfs(1);
      System.out.println("");}
  }
```

任务 2 以下是一个运用 Java 语言实现图的广度优先遍历程序。请调试程序，得出运行结果。

具体代码如下。

```
  import java.util.* ;
  import java.io.* ;
  class Node{
    int x;
    Node next;
  public Node(int x){
    this.x=x;
    this.next=null;}
  }
  class GraphLink{
  public Node first;
  public Node last;
  public boolean isEmpty(){
    return first==null;}
  public void print( ){
  Node current=first;
     while(current!=null){ System.out.print("["+current.x+"]");
      current=current.next;}
      System.out.println( );
      }
  public void insert(int x){
      Node newNode=new Node(x);
      if(this.isEmpty( ) ){
       first=newNode;
       last=newNode;}
        else{
```

```
        last.next=newNode;
        last=newNode;}
    }
        }
public class CH07_05 {
public static int run[]=new int[9];
public static GraphLink Head[]=new GraphLink[9];
public final static int MAXSIZE=10;
static int[] queue=new int[MAXSIZE];
static int front=-1;
static int rear=-1;
public static void enqueue(int value){
  if(rear>=MAXSIZE) return;
  rear++;
  queue[rear]=value;
}
public static int dequeue(){
  if(front==rear) return -1;
  front++;
  return queue[front];}
public static void bfs(int current){
  Node tempnode;
  enqueue(current);
  run[current]=1;
  System.out.print("["+current +"]");
  while(front!=rear){
    current=dequeue();
    tempnode=Head[current].first;
    while(tempnode!=null){
      if(run[tempnode.x]==0){
        enqueue(tempnode.x);
        run[tempnode.x]=1;
        System.out.print("["+tempnode +"]");
      }
      tempnode=tempnode.next;}
  }
}
public static void main(String[] args) {
  int Data[][]={{1,2},{2,1},{1,3},{3,1},{2,4},{4,2},{2,5},{5,2},
      {3,6},{6,3},{3,7},{7,3},{4,5},{5,4},{6,7},{7,6},{5,8},{8,5},{6,8},{8,6}};
  int DataNum;
  int i,j;
  System.out.println("图形的邻接表内容:");
```

```
    for(i=1;i<9;i++){
        run[i]=0;
        Head[i]=new GraphLink();
        System.out.print("顶点 "+i+"---");
        for(j=0;j<20;j++){
          if(Data[j][0]==i){
            DataNum=Data[j][1];
            Head[i].insert(DataNum);}
        }
        Head[i].print();}
    System.out.println("广度优先遍历顶点:");
    bfs(1);
    System.out.println(" ");}
}
```

知识点

1. 图形遍历

树的遍历的目的是访问树的每一个节点一次，可用的方法有前序遍历法、中序遍历法和后序遍历法三种。图形遍历，定义如下：一个图形 G=(V,E)，存在某一个顶点 v∈V，从 v 开始，通过此顶点相邻的顶点而去访问 G 中其他顶点，称为图形遍历。即从某一个顶点 V_i 开始，遍历可以经由 V_1 达的顶点，接着再遍历下一个顶点，直到全部顶点遍历完毕为止。在遍历过程中可能会重复经过某些顶点及边线。经由图形的遍历可以判断该图形是否连通，并找出连通单元及路径。图形的遍历方法有深度优先遍历和广度优先遍历两种，也可称为先深后广遍历和先广后深遍历。

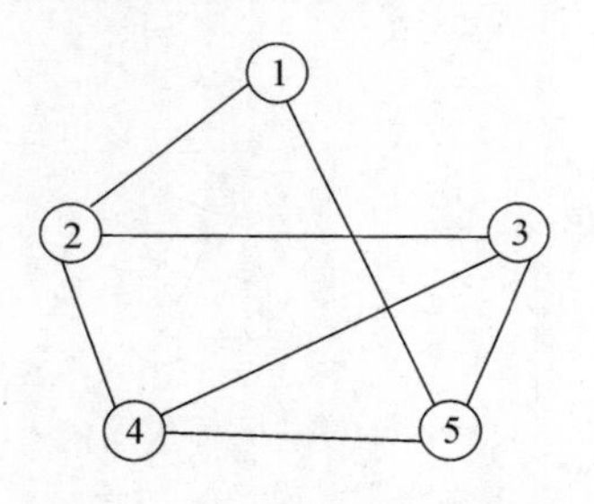

图 9.12 先深后广遍历图例

2. 先深后广遍历

先深后广遍历的方式有点类似于前序遍历。其从图形的某一顶点开始遍历，被访问过的顶点做已访问的记号，接着遍历此顶点的所有相邻且未访问过的顶点中的任意一个顶点，并做已访问的记号，再以该点为新的起点继续进行先深后广的搜索。这种图形遍历方法结合了递归及堆栈两种数据结构的技巧，由于此方法会造成无限循环，所以必须加入一个变量，来判断该点是否已经遍历完毕。

下面我们以图 9.12 为例来介绍这个方法的遍历过程。

(1) 步骤 1：以顶点 1 为起点，将相邻的顶点 2 和顶点 5 放入堆栈，如图 9.13 所示。

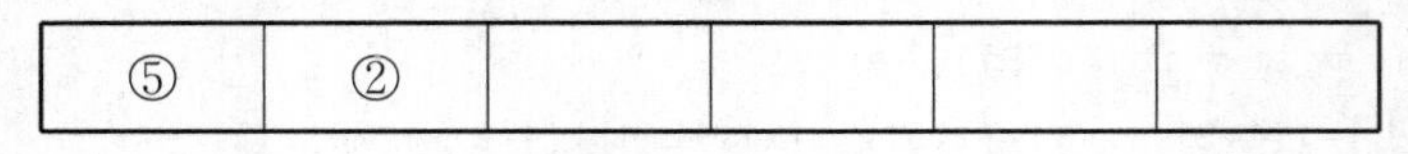

图 9.13 步骤 1

(2) 步骤 2：取出顶点 2，将与顶点 2 相邻且未访问过的顶点 3 及顶点 4 放入堆栈，如图 9.14 所示。

⑤	④	③			

图 9.14　步骤 2

(3) 步骤 3:取出顶点 3,将与顶点 3 相邻且未访问过的顶点 4 及顶点 5 放入堆栈,如图 9.15 所示。

⑤	④	⑤	④		

图 9.15　步骤 3

(4) 步骤 4:取出顶点 4,将与顶点 4 相邻且未访问过的顶点 5 放入堆栈,如图 9.16 所示。

⑤	④	⑤	⑤		

图 9.16　步骤 4

(5) 步骤 5:取出顶点 5,将与顶点 5 相邻且未访问过的顶点放入堆栈,可以发现与相邻的顶点全部被访问过,所以无须再放入堆栈,如图 9.17 所示。

⑤	④	⑤			

图 9.17　步骤 5

(6) 步骤 6:将堆栈内的值取出并判断是否已经遍历过了,直到堆栈内无顶点可遍历为止,如图 9.18 所示。

图 9.18　步骤 6

故先深后广的遍历顺序为 1、2、3、4、5。

3. 先广后深遍历

先深后广遍历利用堆栈及递归来完成遍历过程,而先广后深遍历则以队列及递归来完成遍历。其从图形的某一顶点开始遍历,被访问过的顶点做上已访问的记号,接着遍历此顶点的所有相邻且未访问过的顶点中的任意一个顶点,并做上已访问的记号,再以该点为新的起点继续进行先广后深的搜索。

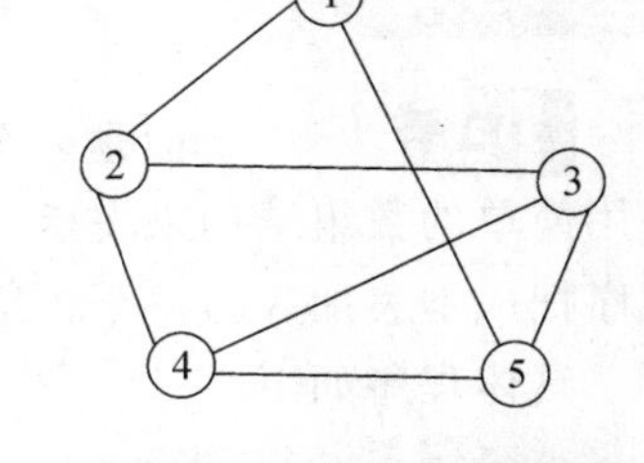

图 9.19　先广后深遍历图例

下面我们以图 9.19 举例来介绍这个方法的遍历过程。

(1) 步骤 1:以顶点 1 为起点,将相邻的顶点 2 和顶点 5 放入队列,如图 9.20 所示。

②	⑤				

图 9.20　步骤 1

(2) 步骤 2:取出顶点 2,将与顶点 2 相邻且未访问过的顶点 3 及顶点 4 放入队列,如图 9.21 所示。

⑤	③	④			

图 9.21　步骤 2

(3) 步骤 3:取出顶点 5,将与顶点 5 相邻且未访问过的顶点 4 及顶点 3 放入队列,如图 9.22 所示。

③	④	③	④		

图 9.22 步骤 3

(4) 步骤 4:取出顶点 3,将与顶点 3 相邻且未访问过的顶点 4 放入队列,如图 9.23 所示。

④	③	④	④		

图 9.23 步骤 4

(5) 步骤 5:取出顶点 4,将与顶点 4 相邻且未访问过的顶点放入队列,可以发现与顶点 4 相邻的顶点全部被访问过,所以无须再放入队列,如图 9.24 所示。

③	④	④			

图 9.24 步骤 5

(6) 步骤 6:将队列内的值取出并判断是否已经遍历过了,直到队列内无顶点可遍历为止,如图 9.25 所示。

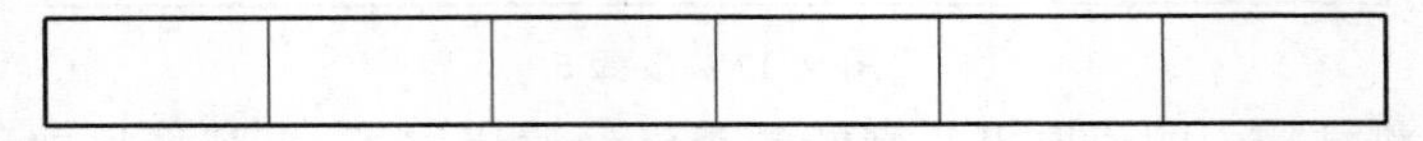

图 9.25 步骤 6

故先广后深的遍历顺序为:1、2、5、3、4。

任务 4 图的应用

任务导入

任务 1 下面是一个运用 Kruskal 算法得到最小生成树的 Java 语言源程序。此程序用简单的数组结构来表示,先以一个二维数组存储并排列 Kruskal 算法的成本表,接着按顺序把成本表加入另一个二维数组并判断是否会造成回路。请调试程序,得出运行结果。

具体程序如下。

```
public class CH07_06 {
    public static int VERTS=6;
    public static int v[]=new int[VERTS+1];
    public static Node NewList=new Node();
    public static int findmincost(){
      int minval=100;
      int retptr=0;
      int a=0;
      while(NewList.Next[a]!=-1) {
          if(NewList.val[a]<minval && NewList.find[a]==0){
             minval=NewList.val[a];
             retptr=a;
```

```
            }
            a++;
        }
        NewList.find[retptr]=1;
    return retptr;
    }
    public static void mintree(){
        int i,result=0;
        int mceptr;
        int a=0;
        for(i=0;i<=VERTS;i++)
            v[i]=0;
        while(NewList.Next[a]!=-1) {
            mceptr=findmincost();
            v[NewList.from[mceptr]]++;
            v[NewList.to[mceptr]]++;
            if(v[NewList.from[mceptr]]>1 &&
                v[NewList.to[mceptr]]>1) {
              v[NewList.from[mceptr]]--;
              v[NewList.to[mceptr]]--;
              result=1;
            }else
              result=0;
            if(result==0){
              System.out.print("起始顶点["+NewList.from[mceptr]+"] 终止顶点[");
                System.out.print(NewList.to[mceptr]+"] 路径长度["+NewList.val
[mceptr]+"]");
              System.out.println("");
            }
            a++;
        }
    }
    public static void main(String args[]){
        int Data[][]=
        {{1,2,6},{1,6,12},{1,5,10},{2,3,3},{2,4,5},
          {2,6,8},{3,4,7},{4,6,11},{4,5,9},{5,6,16}};
        int DataNum;
        int fromNum;
        int toNum;
        int findNum;
        int Header=0;
        int FreeNode;
        int i,j;
```

```
        System.out.println("建立图形表:");
        for(i=0;i<10;i++){
          for(j=1;j<=VERTS;j++){
            if(Data[i][0]==j){
              fromNum=Data[i][0];
              toNum=Data[i][1];
              DataNum=Data[i][2];
              findNum=0;
              FreeNode=NewList.FindFree();
              NewList.Create(Header,FreeNode,DataNum,fromNum,toNum,findNum);
            }
          }
        }
        NewList.PrintList(Header);
        System.out.println("建立最小成本生成树");
        mintree();
      }
    }
    class Node{
      int MaxLength=20;
      int from[]=new int[MaxLength];
      int to[]=new int[MaxLength];
      int find[]=new int[MaxLength];
      int val[]=new int[MaxLength];
      int Next[]=new int[MaxLength];
      public Node(){
        for(int i=0;i<MaxLength;i++)
          Next[i]=-2;
      }
          public int FindFree(){
          int i;
          for(i=0;i<MaxLength;i++)
          if(Next[i]==-2)
              break;
          return i;
    }
    public void Create(int Header,int FreeNode,int DataNum,int fromNum,int toNum,int
  findNum){
        int Pointer;
        if(Header==FreeNode){
            val[Header]=DataNum;
            from[Header]=fromNum;
            find[Header]=findNum;
```

```
        to[Header]=toNum;
        Next[Header]=-1;
    }else{
        Pointer=Header;
        val[FreeNode]=DataNum;
        from[FreeNode]=fromNum;
        find[FreeNode]=findNum;
        to[FreeNode]=toNum;
        Next[FreeNode]=-1;
        while(Next[Pointer]!=-1)
          Pointer=Next[Pointer];
        Next[Pointer]=FreeNode;
      }
    }
    public void PrintList(int Header){
        int Pointer;
        Pointer=Header;
        while(Pointer!=-1)
        {
            System.out.print("起始顶点["+from[Pointer]+"]   终顶点[");
            System.out.print(to[Pointer]+"]   路径长度["+val[Pointer]+"]");
        System.out.println("");
        Pointer=Next[Pointer];
    }
  }
}
```

任务 2 以下是一个运用 Dijkstra 算法得到图中单点对全部顶点最短路径的 Java 语言源程序。此程序用简单的数组结构来表示，先以一个二维数组存储并排列 Kruskal 算法的成本表，接着按顺序把成本表加入另一个二维数组并判断是否会造成回路。请调试程序，得出运行结果。

具体程序如下。

```
class Adjacency{
    final int INFINFTE=99999;
    public int[][] Graph_Matrix;
    public Adjacency(int[][] Weight_Path,int number){
        int i,j;
        int Start_Point,End_Point;
        Graph_Matrix=new int[number][number];
        for(i=1;i<number;i++)
            for(j=1;j<number;j++)
                if(i!=j)
                  Graph_Matrix[i][j]=INFINFTE;
```

```
                else
                    Graph_Matrix[i][j]=0;
            for(i=0;i<Weight_Path.length;i++){
                Start_Point=Weight_Path[i][0];
                End_Point=Weight_Path[i][1];
                Graph_Matrix[Start_Point][End_Point]=Weight_Path[i][2];
            }
        }
        public void printGraph_Matrix(){
            for(int i=0;i<Graph_Matrix.length;i++){
              for(int j=1;j<Graph_Matrix[i].length;j++)
                if(Graph_Matrix[i][j]==INFINFTE)
                  System.out.print("x");
                else{
                  if(Graph_Matrix[i][j]==0)System.out.print("");
                  System.out.print(Graph_Matrix[i][j]+"");
                }
            System.out.println();
        }
    }
}
class Dijkstra extends Adjacency{
      private int[] cost;
      private int[] selected;
    public Dijkstra(int[][] Weight_Path,int number) {
      super(Weight_Path,number);
      cost=new int[number];
      selected=new int[number];
      for(int i=1;i<number;i++)selected[i]=0;
    }
    public void shortestPath(int source){
      int shortest_distance;
      int shortest_vertex=1;
      int i,j;
      for(i=1;i<Graph_Matrix.length;i++)
          cost[i]=Graph_Matrix[source][i];
      selected[source]=1;
      cost[source]=0;
      for(i=1;i<Graph_Matrix.length-1;i++){
          shortest_distance=INFINFTE;
          for(j=1;j<Graph_Matrix.length;j++)
                if(shortest_distance>cost[j]&&selected[j]==0){
                    shortest_vertex=j;
```

```
                    shortest_distance=cost[j];
                }
                selected[shortest_vertex]=1;
                for(j=1;j<Graph_Matrix.length;j++){
                    if(selected[j]==0&&
                      cost[shortest_vertex]+Graph_Matrix[shortest_vertex][j]<
                      cost[j]){
                        cost[j]=cost[shortest_vertex]+
                        Graph_Matrix[shortest_vertex][j];
                    }
                }
        }
            System.out.println("==================");
            System.out.println("顶点一到各顶点最短距离的最终结果");
            System.out.println("==================");
            for(j=1;j<Graph_Matrix.length;j++)
                System.out.println("顶点一到顶点"+j+"的最短距离="+cost[j]);
    }
    }
public class CH07_07 {
  public static void main(String[] args){
      int Weight_Path[][]={{1,2,10},{2,3,20},
            {2,4,25},{3,5,18},
            {4,5,22},{4,6,95},{5,6,77}};
      Dijkstra object=new Dijkstra(Weight_Path,7);
      System.out.println("==================");
      System.out.println("此范围图形的相邻矩阵如下:");
      System.out.println("==================");
      object.printGraph_Matrix();
      object.shortestPath(1);
      }
  }
```

知识点

1. 生成树

生成树又称花费树或值树。简而言之，生成树是一个图形的生成树以最少的边来连接图形中所有的顶点，且不造成回路的树状结构。根据树的特性可知，连通图 G 的生成树(spanning tree)是图 G 的极小连通子图，它包含图 G 中的全部结点，但只有构成一棵树的 $n-1$ 条边，即子图 G'中的边集合 $E(G')$是连通图 G 中所有结点又没有形成回路的边。称子图 G'是原图 G 的一棵生成树。

一棵具有 n 个结点的生成树仅有 $n-1$ 条边。如果图 G 有 n 个结点且少于 $n-1$ 条边，则图 G 是非连通图。如果图 G 多于 $n-1$ 条边,则一定有环路,不是极小连通生成子图。值得注意的是,有 $n-1$ 条边的生成子图不一定是生成树。

其中,使用先深后广遍历所产生的生成树称为先深后广生成树,使用先广后深遍历得到的生成树称为先广后深生成树。

按生成树的定义,由图 9.26 可以得到如图 9.27 所示的生成树。

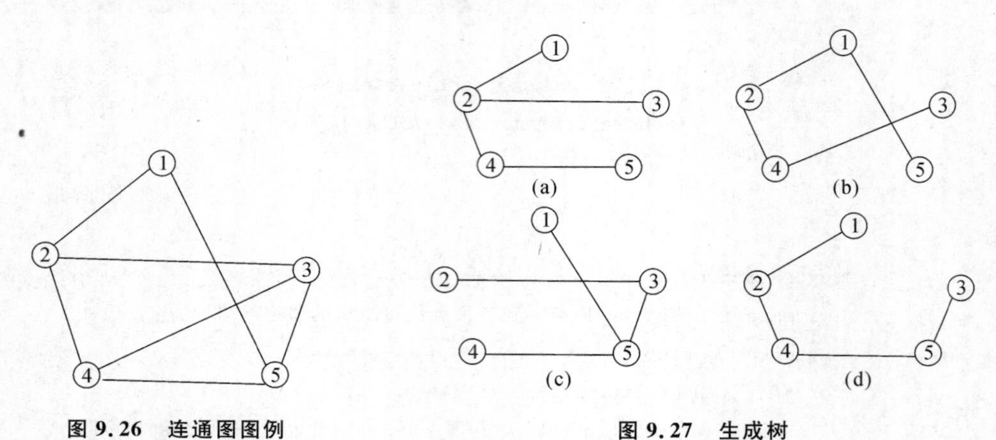

图 9.26 连通图图例　　图 9.27 生成树

由上图可知,一个图形的生成树不只有一颗。图 9.26 的先深后广遍历生成树为 1、2、3、4、5,如图 9.28(a)所示;图 9.26 的先广后深生成树为 1、2、5、3、4,如图 9.28(b)所示。

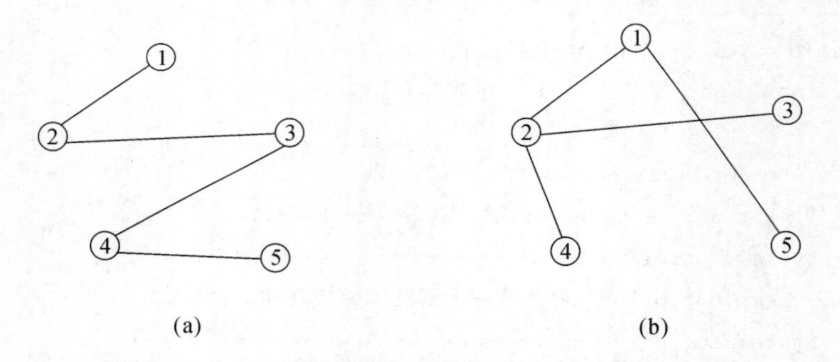

图 9.28 先深后广遍历生成树和先广后深遍历生成树

2. 最小生成树和常用算法

图的生成树,根据遍历的方法不同或出发结点不同,均可得到不同的生成树。所以,图的生成树不是唯一的。

在一个带权图的所有生成树中,加权值总和最小的生成树称为最小生成树(minimal spanning tree),也称最小代价生成树(minimum cost spanning tree)。

根据生成树的定义,具有 n 个结点连通图的生成树有 n 个结点和 $n-1$ 条边。因此,构造最小生成树的准则有三条。

(1) 只能使用该图中的边来构造最小生成树。

(2) 当且仅当必须使用 $n-1$ 条边来连接图中的 n 个结点。

(3) 不能使用产生回路的边。

最小生成树在许多领域都有重要的应用。例如,利用最小生成树可以解决工程中的实际问题:图 G 表示 n 个城市之间的通信网络,其中结点表示城市,边表示两个城市之间的通信线路，边上的权值表示线路的长度或造价，可通过求该网络的最小生成树达到求解通信线路总代价最小的最佳方案。需要进一步指出的是，尽管最小生成树必然存在，但不一定唯一。

求无向连通图的最小生成树常见算法有：克鲁斯卡尔(Kruskal)算法和普里姆(Prim)算法两种典型的算法，下面分别进行介绍。

1) 克鲁斯卡尔(Kruskal)算法

Kruskal 算法是根据边的加权值以递增的方式，依次找出加权值最低的边来构造最小生成树，而且规定每次新增的边，不能造成生成树有回路，直到找到 $n-1$ 条边为止。

算法的设计思想：设图 G=(V,E)是一个具有 n 个结点的带权连通无向图，T=(TV,TE)是图 G 的最小生成子树。其中，TV 是 T 的结点集，TE 是 T 的边集，则构造最小生成树的方法如下。

(1) T 的初始状态为 T=(V,{})。即开始时，最小生成树 T 由图 G 中的 n 个结点组成(TV={V})，结点之间没有边(TE={})。

(2) 将图 G 中的边按照权值从小到大的顺序依次选取，如图 9.29 所示。如果选取的边未使生成树成 T 形回路，则加入 TE 中，否则舍弃，直至 TE 中包含了 $n-1$ 条边为止。

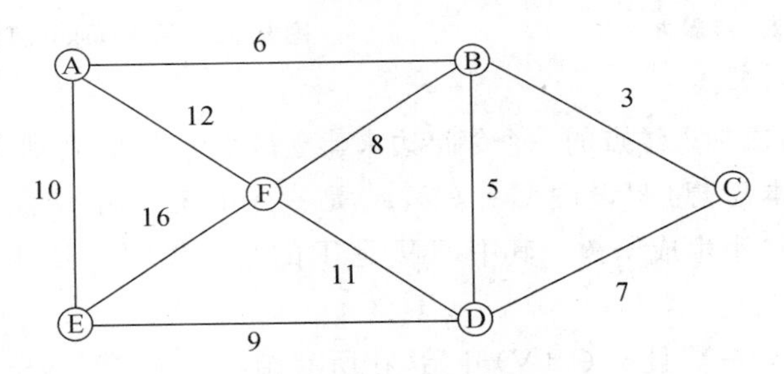

图 9.29 所有边线的权值

具体步骤如下。

(1) 步骤 1：把所有边线的成本由小到大排序列出，见表 9.1。

表 9.1 边线成本表

起始顶点	终止顶点	成本
B	C	3
B	D	5
A	B	6
C	D	7
B	F	8
D	E	9
A	E	10
D	F	11
A	F	12
E	F	16

(2) 步骤 2:选成本最低的一条边作为建立最小成本生成树的起点,如图 9.30 所示。

(3) 步骤 3:按步骤 1 所建的表格,按顺序加入边线,如图 9.31 所示。

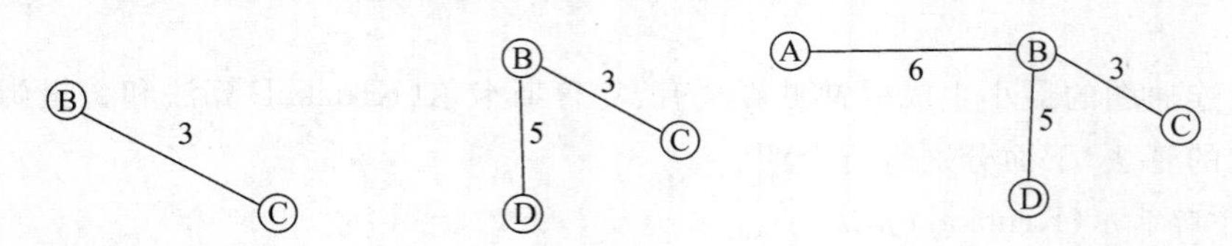

图 9.30 步骤 2　　　　图 9.31 步骤 3

(4) 步骤 4:边 CD 的加入会形成回路,所以直接跳过,如图 9.32 所示。

最终完成图如图 9.33 所示。

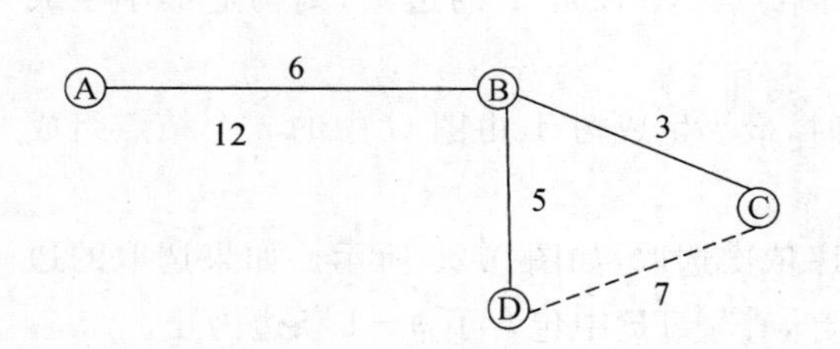

图 9.32 步骤 4

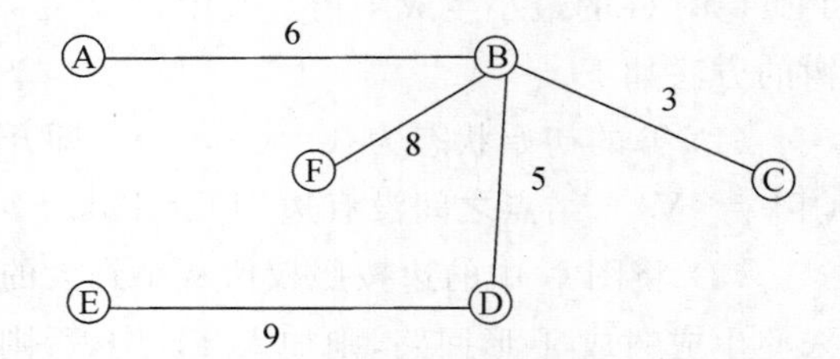

图 9.33 用 Kruskal 算法得到的最小生成树

2) 普里姆(Prim)算法

Prim 算法是以每次加入结点的一个邻接边来建立最小生成树,直到找到 $n-1$ 个边为止。

Prim 算法的基本思想:假设图 G=(V,E)是一个具有 n 个结点的带权连通图,T=(TV,TE)是图 G 的最小生成子树。其中,TV 是 T 的结点集,TE 是 T 的边集,则最小生成树的构造方法如下。

从 $T=(v_0,\{\})(v_0 \in V$ 且 $v_0 \in TV)$ 开始,在所有结点 $v_0 \in TV, v \in V-TV$ 中找一条代价最小的边(v_0,v),将边(v_0,v)加入集合 TE,同时将结点 v 加入结点集合 TV 中,再以结点集合 $TV=\{v_0,v\}$ 为开始结点,从 E 中选取次小的边$(v_i,v_k)(v_i \in TV, v_k \in V-TV)$,将边$(v_i,v_k)$加入集合 TE,同时将结点 v_k 加入集合 TV 中。重复上述过程,直到 TV=V 时,最小生成树 T 构造完毕。

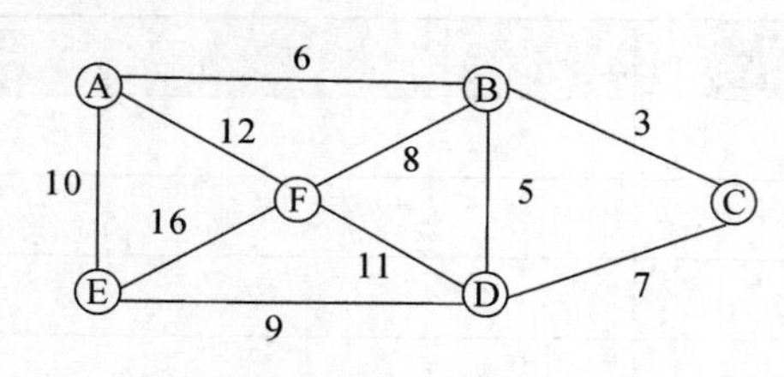

图 9.34 Prim 算法例图

举例:运用 Prim 算法求出图 9.34 的最小成本生成树。

(1) 步骤 1:V=ABCDEF,U=A,从 V—U 中找一个与 U 路径最短的顶点,如图 9.35 所示。

(2) 步骤 2:把 B 加入 U,从 V—U 中找一个与 U 路径最短的顶点,如图 9.36 所示。

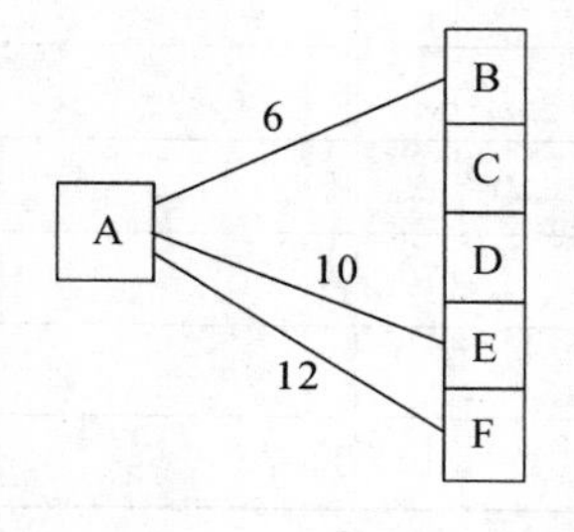

最小成本生成树为

A—B,6

A —6— B

图 9.35 步骤 1

(3) 步骤 3:把 C 加入 U,从 V—U 中找一个与 U 路径最短的顶点,如图 9.37 所示。

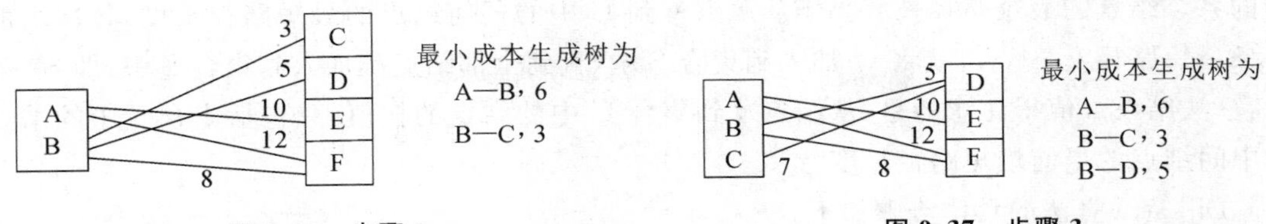

图 9.36　步骤 2　　**图 9.37　步骤 3**

(4) 步骤 4:把 D 加入 U,从 V—U 中找一个与 U 路径最短的顶点,如图 9.38 所示。

(5) 步骤 5:把 F 加入 U,从 V—U 中找一个与 U 路径最短的顶点,如图 9.39 所示。

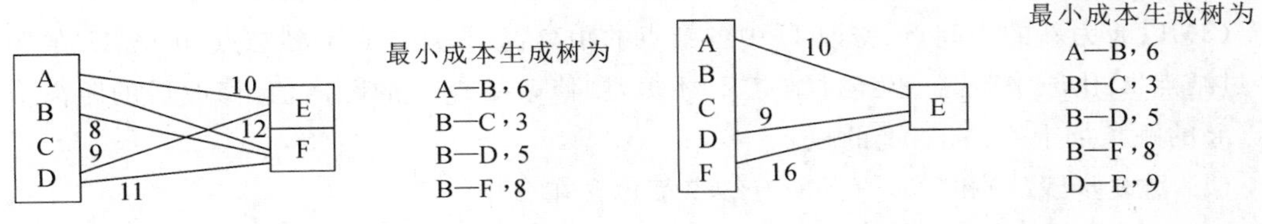

图 9.38　步骤 4　　**图 9.39　步骤 5**

(6) 步骤 6:最后得到最小成本生成树为,如图 9.40 所示。

{A—B, 6}{B—C, 3}{B—D, 5}{B—F, 8}{D—E, 9}

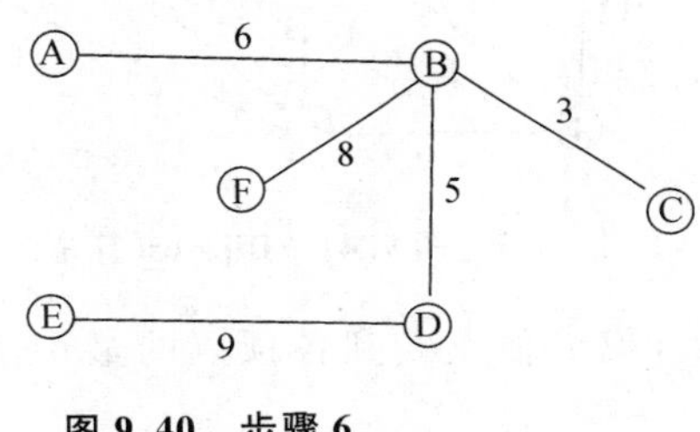

图 9.40　步骤 6

3. 图形最短路径

在许多应用领域,带权图都被用于描述某个网络,如通信网络、交通网络等。这种情况下,各边的权值就对应于两点之间通信的成本或交通费用。在任意指定的两点之间如果存在通路,那么最小的消耗是多少呢?例如,对于 A 城市和 B 城市之间的众多路径中,哪一条路径的路途最短?这就是最短路径问题。

对于带权图,通常把一条路径上所经过边的权值之和称为该路径的路径长度。在图中,从一个结点到另外一个结点可能不止一条路径,把其中路径长度最短的那条路径称为最短路径(shortest path),其路径长度(权值之和)称为最短路径长度或最短距离。路径上的第一个结点称为源点,最后一个结点称为终点。

设有向带权图(简称有向网)G=(V,E),找出从某个源点 v∈V 到 V 中其余各顶点的最短路径称为单源最短路径问题。

Dijkstra 提出了一个按路径长度递增的次序产生最短路径的算法,故称为 Dijkstra 算法。

Dijkstra 算法的基本思想是:设 G=(V,E)是一个带权有向图,把图中结点集 V 分成两部分。其中,第 1 部分为已经求出最短路径的结点集合,用 S 表示,初始时 S 中只有一个源点;第 2 部分为其余未确定最短路径的结点集合,用 U 表示,按最短路径长度的递增次序依次把第 2 部分中的结点加入到第 1 部分 S 集合中。在加入的过程中，总保持从源点 v 到 S 中的各个结点的最短路径长度小于从源点 v 到 U 中的任何结点的最短路径长度，每次求的一条最短路径 v，…，v_k，就将 v_k 加入到集合 S 中，直到全部结点都加入到集合 S 中，即 S=V 时，算法结束。值得注意的是，从结点 v 到集合 U 中的结点的权值，只包括集合 S 中的结点为中间结点的当前最短路径长度。

Dijkstra 算法的具体步骤如下。

(1) 初始时，S 只包含源点，即 S={v}，v 的距离为 0。U 包含除 v 以外的其他结点，U 中结点 u 的距离为边上的权或∞。

(2) 从 U 中选取结点 k，使得 v 到 k 的最短路径长度最小，将 k 加入 S 中。

(3) 以 k 为新的中间点，修改 U 中各结点的距离：如果从源点 v 到结点 u(u∈U)的距离(经过结点 k)比原来距离(不经过结点 k)还短，则修改结点 u 的距离值，修改后的距离值是结点 k 的距离加上<k，u>上的权。

(4) 重复步骤(2)和(3)，直到所有结点都包含在 S 中。

举例：找出图 9.41 中顶点 5 到各个顶点的最短路径。

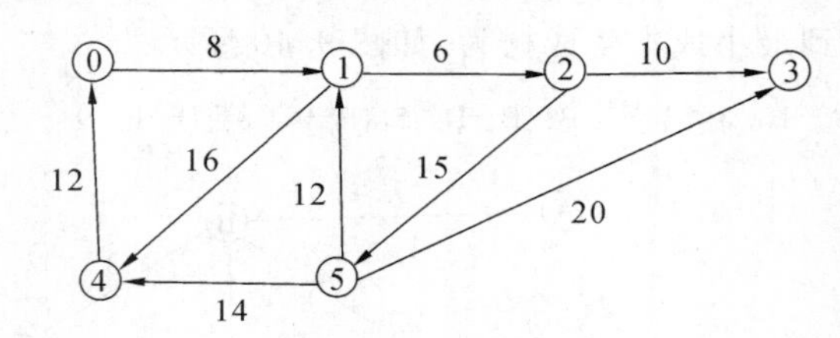

图 9.41 Dijkstra 算法示例

首先由顶点 5 开始，找出顶点 5 到各顶点的最小距离，到达不了以∞表示，具体步骤如下。

(1) 步骤 1：D[0]=∞，D[1]=12，D[2]=∞，D[3]=20，D[4]=14，在其中找出最小值的顶点，加入到 S 集合中：D[1]。

(2) 步骤 2：D[0]=∞，D[1]=12，D[2]=18，D[3]=20，D[4]=14，D[4]最小，加入集合 S。

(3) 步骤 3：D[0]=:26，D[1]=12，D[2]=18，D[3]=20，D[4]=14，D[2]最小，加入集合 S。

(4) 步骤 4：D[0]=:26，D[1]=12，D[2]=18，D[3]=20，D[4]=14，D[3]最小，加入集合 S。

(5) 步骤 5：加入最后一个顶点，可得表 9.2。

表 9.2 顶点 S 到各顶点的最小距离

步骤	S	0	1	2	3	4	5	选择
1	5	∞	12	∞	20	14	0	1
2	5,1	∞	12	18	20	14	0	4
3	5,1,4	26	12	18	20	14	0	2
4	5,1,4,2	26	12	18	20	14	0	3
5	5,1,4,2,3	26	12	18	20	14	0	0

由顶点5到其他各个顶点的最短距离如下。

顶点5到顶点0的距离为:26。

顶点5到顶点1的距离为:12。

顶点5到顶点2的距离为:18。

顶点5到顶点3的距离为:20。

顶点5到顶点4的距离为:14。

4. AOV网络与拓扑排序

有向无环图(directed acycline graph)是指一个无环的有向图,简称DAG。DAG是一类特殊的有向图。

有向无环图是描述一项工程或系统进程的有效工具。一般情况下,一个工程都可分为若干子工程,这若干个子工程称为活动(activity)。在整个工程中,某些子工程必须在其他相关子工程完成之后才能的开始。为了形象地反映出整个工程的各个子工程之间的先后关系,可以用一个有向图来表示,图中的结点代表子工程(活动),有向边代表活动的先后关系,只有当起点的活动完成之后,才能进行终点活动。用结点表示活动,边表示活动先后关系的有向图称为结点活动网(activity on vertex network),简称AOV网。

设图G=(V,E)是具有n个结点的有向图,如果从结点v_i到结点v_j的有一条路径,其结点序列满足结点v_i一定排在结点v_j的前面,依据这样的原则,得到V中所有结点的序列$v_1, v_2, v_3, \cdots, v_i, v_j, \cdots, v_n$,称为图G的一个拓扑序列(topological order)。

如果图中有弧$<v_i, v_j>$,则称结点v_i是结点v_j的直接前趋,结点v_j是结点v_i的直接后继。若从结点v_i到结点v_j之间存在一条有向路径,称结点v_i是结点v_j的前趋,或者称结点v_j是结点v_i的后继。

例如,计算机专业的学生必须完成一系列规定的专业基础课和专业课才能毕业,这个过程就可以看成是一个工程,而学习一门课程表示进行一项活动,学习每门课程的先决条件是先学完它的全部先修课程。

在有向图中,构造拓扑序列的过程,称为拓扑排序。

拓扑排序的步骤如下:① 寻找图形中任何一个没有前驱的顶点;② 输出此顶点,并将此顶点的所有边删除;③ 重复两个步骤以处理所有的顶点。举例:图9.42所示为学生所修课程的AOV网络,确定其拓扑排序结果。

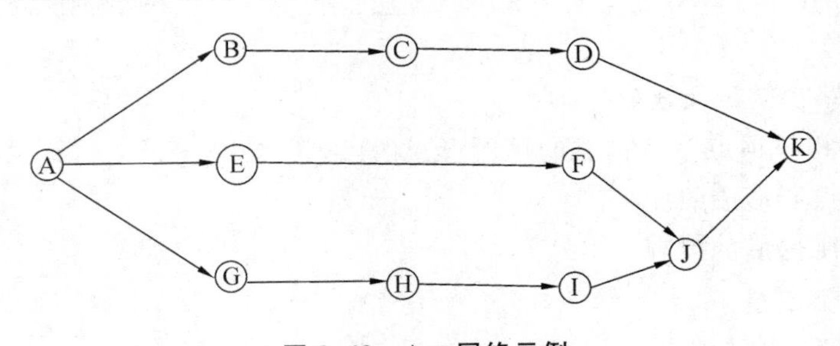

图9.42 Aov网络示例

(1) 步骤1:输出没有前驱的A,并把A顶点的所有边线删除,如图9.43所示。

拓扑排序结果:A。

(2) 步骤2:按上述方法依次排序,如图9.44所示。

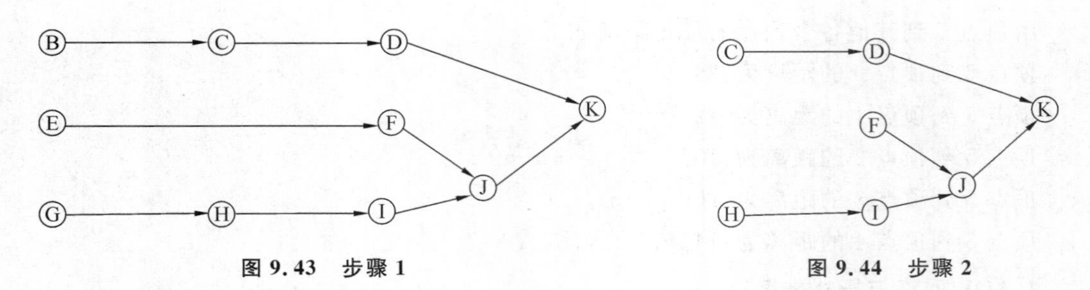

图 9.43 步骤 1　　　　图 9.44 步骤 2

最终得到拓扑排序结果：A，B，E，G，C，F，H，D，I，J，K。

也就是说，按照以上顺序选修课程，就不会发生因为该修的科目未修而被禁止选修的情况。拓扑排序所输出的结果不一定唯一。另外，如果 AOV 网每一个顶点都有前驱，那么表示此网络含有回路而无法进行拓扑排序。

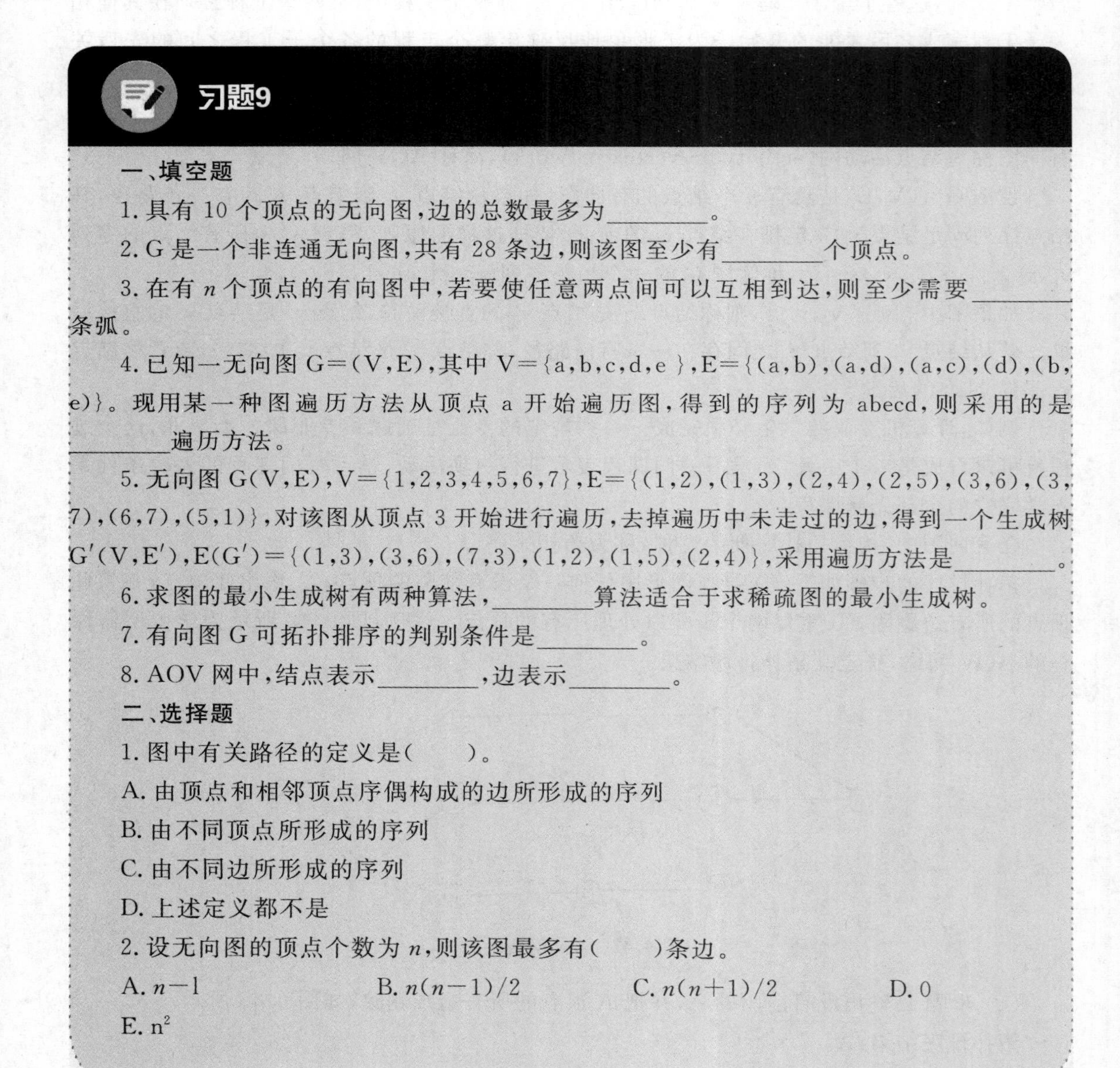

习题9

一、填空题

1. 具有 10 个顶点的无向图，边的总数最多为________。

2. G 是一个非连通无向图，共有 28 条边，则该图至少有________个顶点。

3. 在有 n 个顶点的有向图中，若要使任意两点间可以互相到达，则至少需要________条弧。

4. 已知一无向图 G=(V,E)，其中 V={a,b,c,d,e }，E={(a,b),(a,d),(a,c),(d),(b,e)}。现用某一种图遍历方法从顶点 a 开始遍历图，得到的序列为 abecd，则采用的是________遍历方法。

5. 无向图 G(V,E)，V={1,2,3,4,5,6,7}，E={(1,2),(1,3),(2,4),(2,5),(3,6),(3,7),(6,7),(5,1)}，对该图从顶点 3 开始进行遍历，去掉遍历中未走过的边，得到一个生成树 G′(V,E′)，E(G′)={(1,3),(3,6),(7,3),(1,2),(1,5),(2,4)}，采用遍历方法是________。

6. 求图的最小生成树有两种算法，________算法适合于求稀疏图的最小生成树。

7. 有向图 G 可拓扑排序的判别条件是________。

8. AOV 网中，结点表示________，边表示________。

二、选择题

1. 图中有关路径的定义是(　　)。

A. 由顶点和相邻顶点序偶构成的边所形成的序列

B. 由不同顶点所形成的序列

C. 由不同边所形成的序列

D. 上述定义都不是

2. 设无向图的顶点个数为 n，则该图最多有(　　)条边。

A. $n-1$　　B. $n(n-1)/2$　　C. $n(n+1)/2$　　D. 0

E. n^2

3. 要连通具有 n 个顶点的有向图，至少需要(　　)条边。

A. $n-1$　　B. n　　C. $n+1$　　D. $2n$

4. n 个顶点的完全有向图含有边的数目为(　　)。

A. n^2　　B. $n(n+1)$　　C. $n/2$　　D. $n(n-1)$

5. 下列哪一种图的邻接矩阵是对称矩阵(　　)。

A. 有向图　　B. 无向图　　C. AOV 网　　D. AOE 网

6. 下列说法不正确的是(　　)。

A. 图的遍历是从给定的源点出发每一个顶点仅被访问一次

B. 遍历的基本算法有两种：深度遍历和广度遍历

C. 图的深度遍历不适用于有向图

D. 图的深度遍历是一个递归过程

7. 无向图 G=(V,E)，其中：V={a,b,c,d,e,f}，E={(a,b),(a,e),(a,c),(b,e),(c,f),(f,d),(e,d)}，以该图进行深度优先遍历，得到的顶点序列正确的是(　　)。

A. a,b,e,c,d,f　　B. a,c,f,e,b,d

C. a,e,b,c,f,d　　D. a,e,d,f,c,b

三、判断题

(　　)1. 在 n 个顶点的无向图中，若边数大于 $n-1$，则该图必是连通图。

(　　)2. 有 e 条边的无向图，在邻接表中有 e 个结点。

(　　)3. 有向图中顶点 V 的度等于其邻接矩阵中第 v 行中的 1 的个数。

(　　)4. 强连通图的各顶点间均可达。

(　　)5. 无向图的邻接矩阵可用一维数组存储。

(　　)6. 有 n 个顶点的无向图，采用邻接矩阵表示，图中的边数等于邻接矩阵中非零元素之和的一半。

(　　)7. 无向图的邻接矩阵一定是对称矩阵，有向图的邻接矩阵一定是非对称矩阵。

(　　)8. 邻接矩阵适用于有向图和无向图的存储，但不能存储带权的有向图和无向图，而只能使用邻接表存储形式来存储它。

(　　)9. 用邻接矩阵存储一个图时，在不考虑压缩存储的情况下，所占用的存储空间大小与图中顶点个数有关，而与图的边数无关。

(　　)10. 拓扑排序算法仅适用于有向无环图。

四、应用题

1. 设 G=(V,E)以邻接表存储，如图 9.45 所示，试画出从 A 出发的深度优先和广度优先生成树。

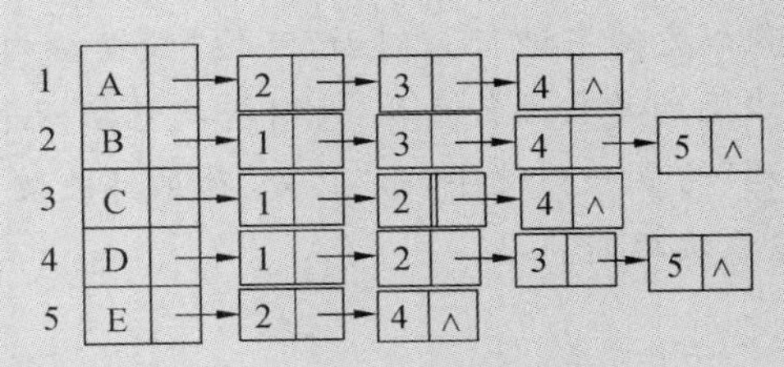

图 9.45　题 1 图

项目 10 查找

知识目标

(1) 掌握查找的相关概念及分类。

(2) 掌握常见查找算法的实现。

(3) 能够针对具体应用问题的要求与性质,选择合适的存储结构设计出有效算法,解决与查找相关的实际问题。

能力目标

(1) 培养学生运用所学理论解决实际问题的能力。

(2) 培养学生实际动手调试 Java 程序能力。

任务 1 查找简介

在生活中经常用到查找功能,如查找门牌号码,在图书馆书架上查找图书等。计算机中查找的操作应用非常普遍,如学生信息系统、工资管理系统等信息管理系统中都需要使用查找等操作。

查找是指在给定的由同一数据类型构成的整体范围内(如一篇文章、一个数据库等),寻找用户需要数据的过程。若满足条件的数据存在,则查找成功,否则查找失败。查找的过程要依据用于识别某数据元素的字段,该字段可唯一识别数据元素,称其为查找关键字。

说明:(1) 查找的操作是在一定范围之内的,若查找成功,将对其进行相应操作,在查找范围之外的数据将不会对其进行操作。

(2) 查找的数据可以是单个元素(如学生成绩表中某单科成绩或总成绩),也可以是由多个数据元素构成的一个整体(如数据库表中查找某个学生的相关信息),将这样的数据称为查找的关键字(关键字的概念在计算机的操作中经常见到)。

(3) 查找可以按照多个关键字进行。例如,可按“数据结构”成绩在 90 分以上,同时“总分”成绩在 330 分以上的学生进行查找,此时查找包括两个关键字(“数据结构”和“总分”)。其中“数据结构”为第一关键字,而“总分”为第二关键字,也称为次关键字,这样的关键字若有多个,应依次排列。

任务 2 常用的查找方法

根据定义，查找过程是在同类型数据构成的整体集合中进行查找操作，若只对数据进行查找（结果为查找成功或查找失败），则并不改变数据的结构；若要对这些数据进行修改，则将改变数据的结构。

查找的方法主要有：顺序查找法、二分查找法（折半查找法）、二叉排序树法、哈希查找法等。

1. 顺序查找法

顺序查找法又称线性查找法，是一种最简单的查找法。其方法是将数据一个一个地按顺序逐次查找。所以不管数据顺序如何，都得从头到尾遍历一次。此方法的优点是文件在查找前不需要进行任何的处理与排序，缺点是查找速度较慢。如果数据没有重复，找到数据就中止查找的话，最差的情况是未找到数据，需进行 n 次比较，最好的情况则是一次就找到，只需进行一次比较。在日常生活中，我们经常使用这种查找方法，如我们在衣柜中找衣服时，通常会从柜子最上方的抽屉开始逐层寻找。

顺序查找法的特点如下。

（1）时间复杂度：如果数据没有重复，找到数据就可中止查找的话，最差的情况是未找数据，需进行 n 次比较，时间复杂度为 $O(n)$。

（2）在平均状况下，假设数据出现的概率相等，则需进行 $(n+1)/2$ 次比较。

（3）当数据量很大时，不适合使用顺序查找法。但预估所查找的数据文件在文件前端时则可减少查找时间。

例 10.1 下面是一个运用顺序查找算法实现数据查找的 Java 语言源程序。请调试程序，得出运行结果。

具体程序如下。

```
import java.io.BufferedReader;
import java.io.IOException;
import java.io.InputStreamReader;
public class CH09_01 {
public static void main(String args[])throws IOException{
    String strM;
    BufferedReader keyin=new BufferedReader(new InputStreamReader(System.in));
    int data[]=new int[100];
    int i,j,find,val=0;
    for(i=0;i<80;i++)
        data[i]=((int)((Math.random() * 150))% 150+1);
    while(val!=-1) {
    find=0;
    System.out.print("请输入查找键值(1-150),输入-1离开:");
    strM=keyin.readLine();
    val=Integer.parseInt(strM);
    for(i=0;i<80;i++){
```

```
        if(data[i]==val){
            System.out.print("在第"+(i+1)+"个位置找到键值["+data[i]+"]\n");
            find++;
        }
      }
      if(find==0 && val!=-1)
        System.out.print("######没有找到["+val+"]######\n");
    }
    System.out.print("数据内容:\n");
    for(i=0;i<10;i++){
      for(j=0;j<8;j++)
        System.out.print(i*8+j+1+"["+data[i*8+j]+"]");
      System.out.print("\n");}
    }
}
```

2. 二分查找法

二分查找法首先将查找序列分成两部分,确定查找数可能在哪一半,将确定的部分中继续分为两部分,直到找到该元素,则显示查找成功,并确定元素位置;若判断该元素不存在,则返回查找失败。

二分查找法又称折半查找法,其前提是查找序列必须是有序的。二分查找法的特点如下。

(1) 时间复杂度:因为每次查找都会比上一次少一半的范围,故其时间复杂度为$O(\log2n)$。

(2) 二分查找法必须事先经过排序,且数据量必须能直接在内存中执行。

(3) 此方法适合用于不需要增删的静态数据。

例 10.2 下面是一个运用二分查找算法实现数据查找的 Java 语言源程序。请调试程序,得出运行结果。

具体程序如下。

```
import java.io.BufferedReader;
Import java.io.IOException;
import java.io.InputStreamReader;
public class CH09_02 {
    public static void main(String args[])throws IOException{
      int i,j,val=1,num;
      int data[]=new int[50];
      String strM;
      BufferedReader keyin=new BufferedReader(new InputStreamReader(System.in));
      for(i=0;i<50;i++){
        data[i]=val;
        val+=((int)(Math.random()*100)% 5+1);
      }
```

```
    while(true){
      num=0;
      System.out.print("请输入查找键值(1-150),输入-1离开:");
      strM=keyin.readLine();
      val=Integer.parseInt(strM);
      if(val==-1)
        break;
      num=bin_search(data,val);
      if(num==-1)
        System.out.print("######没有找到["+val+"]######\n");
      else
        System.out.print("在第"+(num+1)+"个位置找到键值["+data[num]+"]\n");}
        }
      System.out.print("数据内容:\n");
      for(i=0;i<5;i++){
        for(j=0;j<10;j++)
        System.out.print((i*10+j+1)+"-"+data[i*10+j]+" ");
      System.out.print("\n");
    }
    System.out.print("\n");
  }
    public static int bin_search(int data[],int val){
      int low,mid,high;
      low=0;
      high=49;
      System.out.print("查找处理中……\n");
      while(low<=high && val!=-1) {
          mid=(low+high)/2;
          if(val<data[mid]){
            System.out.print(val+"介于位置"+(low+1)+"["+data[low]+"]及中间值"+
(mid+1)+"["+data[mid]+"],找左半边\n");
            high=mid-1;
          }
          else if(val>data[mid]){
            System.out.print(val+"介于中间值位置"+(mid+1)+"["+data[mid]+"]及"+
(high+1)+"["+data[high]+"],找右半边\n");
            low=mid+1;
          }
          else
            return mid;
      }
      return-1;}
}
```

3. 插值查找法

插值查找法是对二分查找法的改进。它按照数据位置的分布，利用公式预测数据所在的位置，再以二分查找法的方式渐渐逼近。使用插值法时，假设数据平均分布在数组中，而每一个数据的距离是相当接近或有一定的距离比例。插值查找法的公式为：

mid=low+((key−data[low])/(data[high]−data[low]))*(high−low)

其中，key是要寻找的键值，data[high]，data[low]是剩余待寻找记录中的最大值及最小值。数据个数为 n 时，插值查找法的具体步骤如下。

(1) 步骤1：将记录按由小到大的顺序设定为1,2,3的编号。

(2) 步骤2：令 low=1，high=n。

(3) 步骤3：当 low<high 时，重复执行步骤4和步骤5。

(4) 步骤4：令 mid=low+((key−data[low])/(data[high]−data[low]))*(high−low)。

(5) 步骤5：若 key<keymid 且 high≠mid−1 时，则令 high=mid−1。

(6) 步骤6：若 key=keymid 表示成功查找到关键值的位置。

(7) 步骤7：若 key>keymid 且 low≠mid+1 时，则令 low=mid+1。

插值查找法的特点如下。

(1) 一般而言，插值查找法优于顺序查找法，而如果数据的分布越平均，则查找速度越快，甚至可能第一次就找到数据。此方法的时间复杂度取决于数据分布的情况，平均而言优于 $O(\log n)$。

(2) 使用插值查找法的数据需先经过排序。

例 10.3 下面是一个运用插值查找算法实现数据查找的Java语言源程序。请调试程序，得出运行结果。

具体程序如下。

```
import java.io.BufferedReader;
Import java.io.IOException;
import java.io.InputStreamReader;
public class CH09_03 {
      public static void main(String args[])throws IOException{
          int i,j,val=1,num;
          int data[]=new int[50];
          String strM;
           BufferedReader keyin = new BufferedReader(new InputStreamReader(System.
in));
          for(i=0;i<50;i++){
              data[i]=val;
              val+=((int)(Math.random() * 100)% 5+1);
          }
          while(true){
              num=0;
              System.out.print("请输入查找键值(1-"+data[49]+"),输入-1离开:");
```

```
            strM=keyin.readLine();
            val=Integer.parseInt(strM);
            if(val==-1)
                break;
            num=interpolation(data,val);
            if(num==-1)
                System.out.print("######没有找到["+val+"]######\n");
            else
                System.out.print("在第"+(num+1)+"个位置找到键值["+data[num]+"]\n");
        }
        System.out.print("数据内容:\n");
        for(i=0;i<5;i++){
            for(j=0;j<10;j++)
                System.out.print((i*10+j+1)+"-"+data[i*10+j]+" ");
            System.out.print("\n");
        }
    }
    public static int interpolation (int data[],int val){
        int low,mid,high;
        low=0;
        high=49;
        int tmp;
        System.out.print("查找处理中……\n");
        while(low<=high && val!=-1) {
            tmp=(int)((float)(val-data[low])*(high-low)/(data[high]-data
[low]));
            mid=low+tmp;
            if(mid>50 || mid<-1)
                return-1;
            if(val<data[low] && val<data[high])
                return-1;
            else if(val<data[low] && val<data[high])
                return mid;
            if(val==data[mid])
                return mid;
            else if(val<data[mid]){
                System.out.print(val+"介于位置"+(low+1)+"["+data[low]+"]及中间
值"+(mid+1)+"["+data[mid]+"],找左半边\n");
                high=mid-1;
            }
            else if(val>data[mid]){
                System.out.print(val+"介于中间值位置"+(mid+1)+"["+data[mid]+"]及"+
(high+1)+"["+data[high]+"],找右半边\n");
```

```
                low=mid+1;
            }
        }
        return-1;}
}
```

4. 哈希查找法

前面介绍的几种查找方法都是基于比较进行的，其时间复杂度(查找效率)也随着数据量的增加而增加。为了提高查找效率，可将查找数据与其在内存中的物理位置之间建立对应关系，这种方法称为哈希查找法。哈希查找法是通过在数据与其内存地址之间建立的关系进行查找的方法。哈希函数是指将数据和具体物理地址之间建立的对应关系，利用这样的函数可使查找次数大大减少，提高查找效率。

函数构造在哈希查找法中的作用非常大，将直接影响数据与物理地址之间的关系，同时也会影响查找的效率。下面介绍几种常用哈希函数的构造方法。

1) 直接法

直接法是关键字的一个简单函数，该函数在关键字和内存地址之间建立起一一对应的关系。例如：对于关键字序列 A={1,5,9,13,17,…,81}，建立哈希函数，并实现 $y=41$ 和 $y=63$ 时，哈希查找过程。

根据题意，可在自变量和函数值之间建立一个线性函数，即公式 $y=kx+d$，可以得到：$y=4x+1$，其中 x 是内存地址，y 是关键字序列相对应的值，其对应关系如表 10.1 所示。

表 10.1 内存地址和关键字的对应关系

内存地址	0	1	2	3	4	…	20
关键字	1	5	9	13	17	…	81
对应关系	1=4×0+1	5=4×1+1	9=4×2+1	13=4×3+1	17=4×4+1	…	81=4×20+1

在上述对应关系中，对 $y=41$ 和 63 进行查找，其过程如下：

(1) 对于 $y=41$，将其带入公式 $y=4x+1$，可得 $41=4x+1$，则 $x=10$。

结论：数值为 41 的元素在地址为 10 的位置。

(2) 对于 $y=63$，将其带入公式 $y=4x+1$，可得 $63=4x+1$，则 $x=15.5$，非整数。

结论：数值为 63 的元素不在该序列中。

通过直接法可在关键字和内存地址之间建立关系，利用对应关系，一次就可得到查找结果是成功还是失败。直接法对建立对应关系的关键字要求比较高，因此，可应用直接法的关键字序列比较少。

2) 余数法

余数法是处理针对数值型序列进行哈希查找的有效方法，其主要思路是针对给出的有序序列，通过求这些数的余数进行物理地址(或存储地址)的分配。

利用公式 $y=x \bmod p$ 实现余数法哈希函数的构造。其中：

(1) mod 是取余运算符；

(2) p 是一个整数，选取非常重要，一般选择素数(质数)；

(3) p 的取值大小也很关键，一般比构成哈希列表的长度要小。

例如，对于给定关键字序列 A={24,15,19,3,12,27,31,10,39}，利用余数法构造哈希函数，并实现 $y=31$ 和 $y=18$ 时的哈希查找过程。

根据公式 $y=x \bmod p$，当 p 取 11 时，可得：

$$y = x \bmod 11$$

其中，x 是关键字序列值，y 是对应的内存地址值，可知每个关键字对 11 取余的数值，如表 10.2 所示。

表 10.2 关键字对 11 取余的数值

序号	1	2	3	4	5	6	7	8	9
关键字	24	15	19	3	12	27	31	10	39
对应处理	$y=x \bmod 11$								
余数	2	4	8	3	1	5	9	10	6

通过对表 10.2 中的余数进行观察，发现其最小值 1，最大值 10，因此，可建立一个长度为 11 的数组，将余数与数组下标建立联系，即余数的值与数组元素下标一致，如表 10.3 所示。

表 10.3 内存地址和关键字的关系

内存地址	0	1	2	3	4	5	6	7	8	9	10
关键字		12	24	3	15	27	39		19	31	10

由表 10.3 可知，将序列 A 存放在一个长度为 11 的数组中，对 $y=31$ 和 $y=18$ 进行查找时，其过程如下。

(1) 对于 $y=31$，利用公式 $y=x \bmod 11$，可得 $31 \bmod 11=9$。此时，可到数组下标为 9 的数组元素中查找，结果发现，数值为 31 的元素就在该位置，查找成功。

(2) 对于 $y=18$，利用公式 $y=x \bmod 11$，可得 $18 \bmod 11=7$。此时，可发现数组下标为 7 的数组元素为空，则判断查找失败，数值为 18 的元素不在该序列中。

总结：

余数法是哈希查找中经常使用的方法之一，该方法的关键是对数据的分析、余数 p 的选取以及数组空间的设置等。

3) 分析法

上述所介绍的方法都是对一些比较简单，又一定规律的数据进行哈希查找，但当遇到复杂数据时，需要对数据(或信息)进行分析而得到。

分析法其实没有一定规律，根据给出信息的特点进行相应方法的选取，下面介绍几种常见的分析法。

(1) 余数变形法。

在余数法中，并不是所有序列都可以使用的。例如，对于表 10.3 余数法所示的内存空间，不是从 0～10，而是从 10～20，或者是从 7～17，那应该如何处理呢？这类问题属于余数变形法应该考虑的问题，即当求出一个序列中所有数的余数后，发现和对应的内存地址之间不是一一对应关系，就要进行变形。若对应的内存空间是从 10～20 的一段地址，可将求得的余数乘 2，得到的值与内存地址之间进行对应；若内存空间是从 7～17 的一段地址，可用原来的余数加 7，得到的数值与地址对应。

(2) 数字分析法。

数字分析法是对复杂的、位数比较多的数字进行地址分配常用方法。对于数字比较集中的情况，也可采用选取其任意相同的两位、三位做编号均可，或者采用平方、开方等方法都是比较常用的方法。数字分析法的方法很多，也很难为其分类，需要读者多积累经验去解决。

4) 冲突解决办法

哈希查找中的冲突现象是普遍存在，需要合理解决该问题，才能有效使用该方法处理查找问题。例如：当求得的余数出现相同值时，在分配地址空间时就会出现将多个数据放到同一地址空间的问题，称该现象为哈希查找的冲突现象。常用的冲突解决办法如下。

(1) 顺序查找法。

顺序查找法，是指当该空间已有数据元素存在时，就按照某种原则寻找其他空闲的内存地址空间，直到将所有元素存放位置全部确定为止。

说明：

只要分配的内存地址空间比序列元素多时，总会找到某个空间存储该元素。

找空余空间要按照一定的原则进行，查找元素时也要按照该原则，才能顺利找到该元素。哈希查找冲突的出现，将会降低元素的查找效率。可使用向两个方向查找空余空间的方法来解决冲突，即向一个方向查找空间没有成功时，再向相反方向进行查找，若仍未成功，可向右移动两个空间进行查找，然后向左，直至找到空余空间为止。即按照 1，-1，2，-2，3，-3，……的顺序查找空余空间，解决冲突，效果会提高很多。利用顺序查找法可解决冲突的问题，但是某些元素和内存地址之间失去了对应关系。

(2) 链表法。

链表法解决冲突的思想，将发生冲突的元素构成一个链，都连接在以该元素为头结点的链表中，这样，即实现了地址的分配，同时还保留关键字与内存地址之间的对应关系。其将哈希表的所有空间建立 n 个表，最初的默认值只有 n 个表头，如果发生溢出就把相同地址的键值链接在表头的后面，形成一个键值链接列表，直到所有的可用空间全部用完为止。

(3) 线性探测法。

当发生冲突现象时，若该索引已有数据，则以线性的方式往后寻找空的存储位置，一旦找到位置就把数据放进去，其通常把哈希的位置视为环形结构，如此一来若后面的位置已被填满而前面还有位置时，可以将数据放到前面。

习题10

一、填空题

1. 在顺序表中(8，11，15，19，25，26，30，33，42，48，50)进行二分查找关键码值 20，需进行关键码比较次数为________。

2. 具有 12 个关键字的有序表，二分查找的平均查找长度为________。

二、选择题

1. 顺序查找法适用于查找顺序存储或链式存储的线性表，平均比较次数为（　　），二分查找法只适用于查找顺序存储的有序表，平均比较次数为（　　）。在此假定 N 为线性表中结点数，且每次查找都是成功的。

A. $N+1$　　B. $2\log_2 N$　　C. $\log N$　　D. $N/2$

E. $N\log_2 N$　　F. N^2

2. 下面关于二分查找法的叙述正确的是（　　）。

A. 表必须有序，表可以顺序方式存储，也可以链表方式存储

B. 表必须有序且表中数据必须是整型、实型或字符型

C. 表必须有序，而且只能从小到大排列

D. 表必须有序，而且表只能以顺序方式存储

3. 适用于二分查找法的表的存储方式及元素排列要求为（　　）。

A. 链接方式存储，元素无序

B. 链接方式存储，元素有序

C. 顺序方式存储，元素无序

D. 顺序方式存储，元素有序

4. 二分查找法的时间复杂度为（　　）。

A. $O(n^2)$　　B. $O(n)$　　C. $O(n\log n)$　　D. $O(\log n)$

三、思考题

1. 请简述数据个数为 n 的插值查找法的步骤。

2. 请举出两种哈希查找法的应用领域。

项目 11　排序

知识目标

（1）掌握排序的相关概念及分类。

（2）掌握常见排序算法的实现。

（3）能够针对具体应用问题的要求与性质，选择合适的存储结构设计出有效算法，解决与排序相关的实际问题。

能力目标

（1）培养学生运用所学理论解决实际问题的能力。

（2）培养学生实际动手调试 Java 程序能力。

任务 1　排序简介

排序是把一组任意序列的数据元素按照某种数据项有序排列的过程。排序是数据处理的常用方法之一，同时也是其他许多数据操作的基础。其应用十分广泛，如数据排列、数据分类等。

所谓排序，就是将需要整理的文件或者相关数据，按某个类别的数据元素（或数据项）进行递增或递减次序排列起来的过程。排序过程中的相关概念有：在排序中对应的数据元素称为记录（或称为元素），记录（或元素）可以是单个数据构成，也可以是一组数据构成，记录的集合称为文件（或称为序列），有时在内存中的文件也常被称为表。在本项目的学习过程中，为了更容易理解，把待排序文件或者相关数据称为序列，把具体数据称为元素。

按照存储交换分类的不同可将排序分为内部排序和外部排序。内部排序是指待排序文件或者相关数据的数据量较少，排序过程可以一次在内存中完成的排序。外部排序是指待排序文件或者相关数据的数据量较大，排序过程不能一次在内存中完成，需要借助外部存储器的排序过程。按照内部排序的实际过程划分，可分为五大类，分别为：插入排序、选择排序、交换排序、分配排序和归并排序。

按照排序的稳定性可将排序划分为稳定排序和不稳定排序两种。稳定排序是指待排序文件或者数据记录中，当关键字均不相同时，排序结果是唯一的，而在待排序文件中，若存在多个关键字相同的记录，经过排序后这些具有相同关键字的记录相对次序保持不变，则称这种排序方法为稳定排序。不稳定排序是指对待排序文件或者数据记录中具有相同关键字的记录进行排序后，其相对次序和原来对比发生了变化，则称这种排序方法为不稳定排序。

注意：

排序是否稳定是针对所有可能出现的排序序列而言的，而不是对于某个具体排序实例而言的。

任务 2 内部排序法

内部排序法是指待排序文件或者相关数据的数据量较少，排序过程可以一次在内存中完成的排序。其具体方法分别介绍如下。

1. 冒泡排序法

冒泡排序法是一种简单的交换排序，又称为交换排序法，其排序过程为：对相邻的元素进行大小比较，如果满足排序要求，则不进行交换，否则将两个数进行交换。

冒泡排序法的比较方法为从第一个元素开始，比较相邻元素大小，若大小顺序有误，则对调后再进行下一个元素的比较。如此扫描过一次之后就可确保最后一个元素位于正确的顺序。接着再逐步进行第二次扫描，直到完成所有元素的排序关系为止。下面通过 6、4、9、8、3 数列的排序过程，来介绍冒泡排序法的演算流程。

(1) 原始值：

6　4　9　8　3

(2) 第一次扫描：

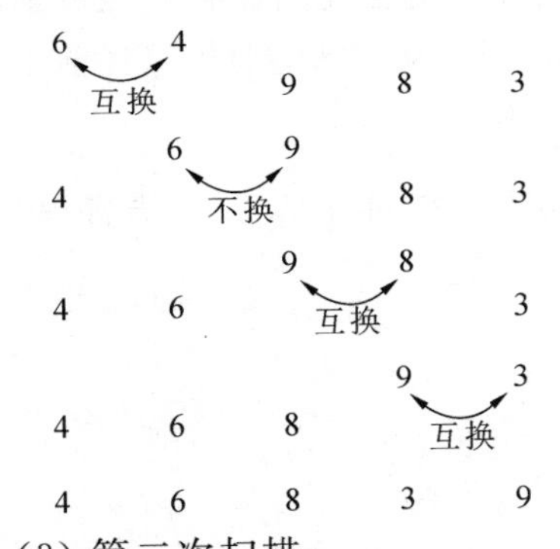

(3) 第二次扫描：

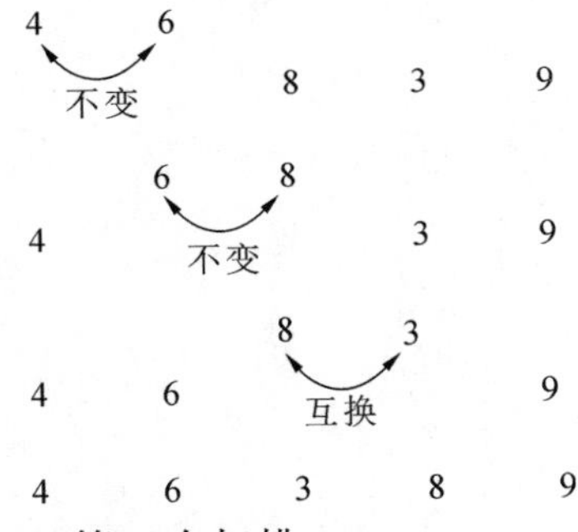

(4) 第三次扫描：

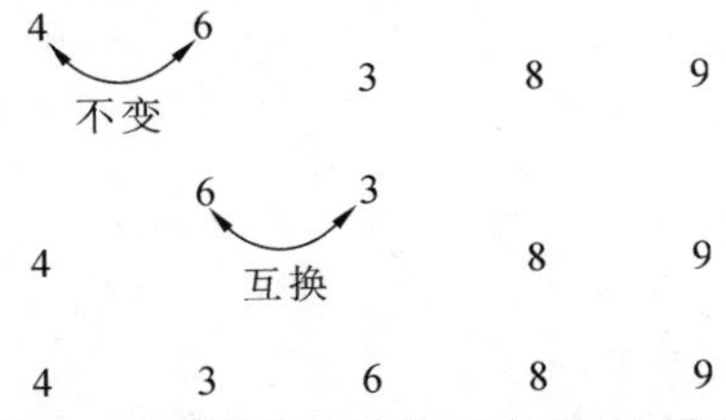

第三次扫描完，完成三个值的排序。

(5) 第四次扫描：

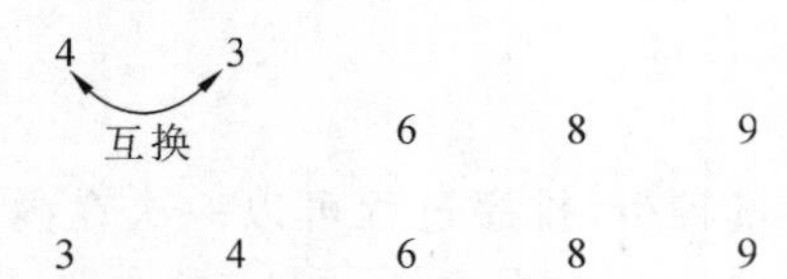

3　　4　　6　　8　　9

由上可知，5 个元素的冒泡排序必须执行 5－1＝4 次扫描，第一次扫描需比较 5－1＝4 次，共比较 4＋3＋2＋1＝10 次。

冒泡排序法的特点如下。

(1) 最坏情况及平均情况均需比较 $(n-1)+(n-2)+(n-3)+\cdots+3+2+1=n(n-1)/2$ 次；时间复杂度为 $O(n^2)$，最好情况只需完成一次扫描，发现没有进行交换的操作则表示已经排序完成，所以只进行了 $n-1$ 次比较，时间复杂度为 $O(n)$。

(2) 由于冒泡排序法为相邻二者相互比较对调，并不会更改其原本排列的顺序，是稳定排序法。

(3) 只需一个额外的空间，所以空间复杂度为最佳。

(4) 此排序法适用于数据量小或有部分数据已经过排序的情况。

由例 11.1 的程序可以看出冒泡排序法有一个缺点，即不管数据是否已排序完成都固定会执行 $n(n-1)/2$ 次，而我们可以通过在程序中加入判断语句，来判断何时可以提前中断程序，又可得到正确的数据，从而来提高程序的执行效率。

例 11.1 下面是一个运用传统冒泡排序算法实现数据排序的 Java 语言源程序。请调试程序，得出运行结果。

具体程序如下。

```
public class CH08_01 extends Object{
    public static void main(String args[]){
    int i,j,tmp;
    int data[]={6,5,9,7,2,8};
    System.out.println("冒泡排序法:");
    System.out.print("原始数据为:");
    for(i=0;i<6;i++){
        System.out.print(data[i]+" ");
    }
    System.out.print("\n");
    for(i=5;i>0;i--){
        for(j=0;j<i;j++){
            if(data[j]>data[j+1]){
                tmp=data[j];
                data[j]=data[j+1];
                data[j+1]=tmp;
            }
        }
        System.out.print("第"+(6-i)+"次排序后的结果是:");
        for(j=0;j<6;j++){
```

```
            System.out.print(data[j]+" ");
        }
        System.out.print("\n");
    }
    System.out.print("排序后的结果为:");
    for(i=0;i<6;i++){
        System.out.print(data[i]+" ");
    }
    System.out.print("\n");
  }
}
```

例 11.2 下面是一个运用改良冒泡排序算法实现数据排序的 Java 语言源程序。请调试程序，得出运行结果。

具体程序如下。

```
public class CH08_02 extends Object{
int data[]=new int[]{4,6,2,7,8,9};
public static void main(String args[]){
    System.out.print("改良后冒泡排序法\n原始数据为:");
    CH08_02 test=new CH08_02();
    test.showdata();
    test.bubble();
}
public void showdata(){
    int i;
    for(i=0;i<6;i++){
        System.out.print(data[i]+" ");}
    System.out.print("\n");
}
public void bubble(){
    int i,j,tmp,flag;
    for(i=5;i>=0;i--){
        flag=0;
        for(j=0;j<i;j++){
            if(data[j+1]<data[j]){
                tmp=data[j];
                data[j]=data[j+1];
                data[j+1]=tmp;
                flag++;
            }
        }
        if(flag==0){
            break;
        }
```

```
            System.out.print("第"+(6-i)+"次排序:");
            for(j=0;j<6;j++){
                System.out.print(data[j]+" ");
            }
            System.out.print("\n");
        }
        System.out.print("排序后的结果为:");
        showdata();
    }
}
```

2. 选择排序法

选择排序法可使用两种方式排序:在所有的数据中,若由大到小排序,则将最大值放入第一位置;若由小至大排序,则将最大值放入位置末端。例如,当 N 个数据需要由大到小排序时,首先以第一个位置的数据,依次向 2,3,4,…,N 个位置的数据进行比较。如果数据大于或等于其中一个位置,则两个位置的数据不变;若数据小于其中一个位置,则两个位置的数据互换。互换后,继续找下一个位置进行比较,直到位置最末端,此时第一个位置的数据即为此排序数列的最大值。接下来选择第二个位置数据,依次向 3,4,5,…,N 个位置的数据进行比较,将最大值放入第二个位置,依循此方法直到($N-1$)个位置最大值找到后,就完成选择排序法由大至小的排列。

下面我们仍然利用 6、4、9、8、3 数列的由小到大排序过程,来说明选择排序法的具体步骤。

(1) 原始值:

6 4 9 8 3

(2) 第一次扫描:

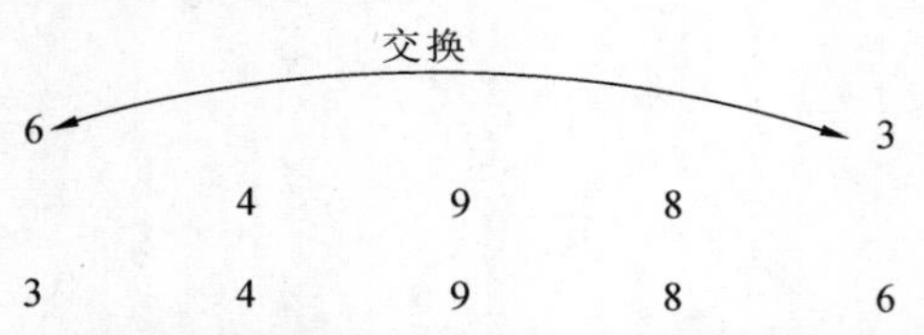

首先找到此数列中最小值后与第一个元素交换。

(3) 第二次扫描:

4

3 9 8 6

3 4 9 8 6

接着从第二个值找起,找到此数列中(不包含第一个)的最小值,再和第二个值交换。

(4) 第三次扫描:

交换

9 6

3 4 8

3 4 6 8 9

接着从第三个值找起,找到此数列中(不包含第一、二个)的最小值,再和第三个值交换。

(5) 第四次扫描：

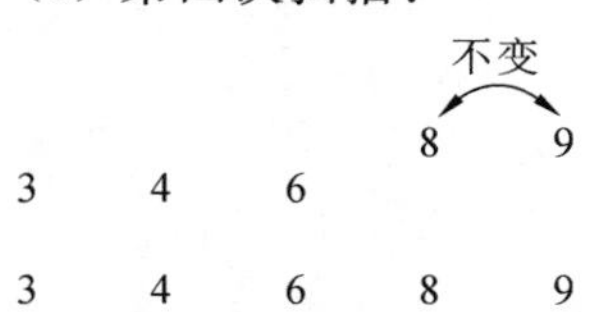

3　　4　　6　　8　　9

最后从第四个值找起，找到此数列中(不包含第一、二、三个)的最小值，再和第四个值交换，则此排序完成。

选择排序法的特点如下。

(1) 无论是最坏情况、最佳情况还是平均情况都需要找到最大值(或最小值)，因此其比较次数为$(n-1)+(n-2)+(n-3)+\cdots+3+2+1=n(n-1)/2$次；时间复杂度为$O(n^2)$。

(2) 由于选择排序是以最大值或最小值直接与最前方未排序的关键值交换，数据排列顺序很有可能被改变，故不是稳定排序法。

(3) 只需一个额外的空间，所以空间复杂度为最佳。

(4) 此排序法适用于数据量小或有部分数据已经过排序的情况。

例 11.3 下面是一个运用选择排序算法实现数据排序的 Java 语言源程序。请调试程序，得出运行结果。

具体程序如下。

```
public class CH08_03 extends Object{
    int data[]=new int[]{9,7,5,3,4,6};
    public static void main(String args[]){
        System.out.print("原始数据为:");
        CH08_03 test=new CH08_03();
        test.showdata();
        test.select();
    }
    void showdata(){
        int i;
        for(i=0;i<6;i++){
            System.out.print(data[i]+" ");
        }
        System.out.print("\n");
    }
    void select(){
        int i,j,tmp,k;
        for(i=0;i<5;i++){
            for(j=i+1;j<6;j++){
                if(data[i]>data[j]){
                    tmp=data[i];
                    data[i]=data[j];
                    data[j]=tmp;
                }
            }
```

```
                System.out.print("第"+(i+1)+"次排序:");
                for(k=0;k<6;k++){
                    System.out.print(data[k]+" ");
                }
                System.out.print("\n");
            }
            System.out.print("\n");
        }
}
```

3. 插入排序法

插入排序是将数组中的元素，逐一与已排序好的数据进行比较，再将该数组元素插入适当位置的方法。

下面我们利用 6、4、9、8、3 数列的由小到大排序过程，来介绍插入排序法的具体步骤。

(1) 步骤一。

6

(1) 步骤二。

(1) 步骤三。

(1) 步骤四。

(1) 步骤五。

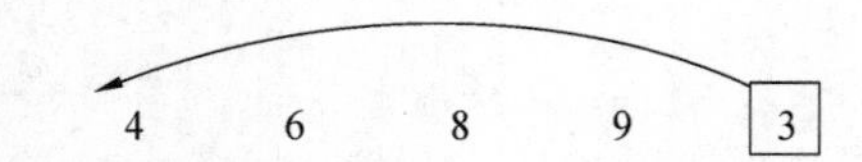

(1) 步骤六。

3　4　6　8　9

在步骤二中，以 4 为基准与其他元素比较后，放到适当位置(6 的前面)，步骤 3 则将 9 与其他两个元素比较，接着 8 在比较完前三个数后插入 9 的前面……将最后一个元素比较完后即完成排序。

插入法的特点如下。

(1) 最坏及平均情况需比较$(n-1)+(n-2)+(n-3)+\cdots+3+2+1=n(n-1)$次，时间复杂度为$O(n^2)$；最好情况的时间复杂度为$O(n)$。

(2) 插入排序法是稳定排序法。

(3) 只需一个额外的空间，所以空间复杂度为最佳。

(4) 此排序法适用于大部分数据已经过排序或已排序数据库新增数据后进行排序的情况。

(5) 插入排序法会造成数据的大量搬移，所以建议在链表上使用。

例 11.4 下面是一个运用插入排序算法实现数据排序的 Java 语言源程序。请调试程序，得出运行结果。

具体程序如下。

```
import java.io.BufferedReader;
import java.io.InputStreamReader;
public class CH08_04 extends Object{
    int data[]=new int[6];
    int size=6;
    public static void main(String args[]){
        CH08_04 test=new CH08_04();
        test.inputarr();
        System.out.print("您输入的数组为:");
        test.showdata();
        test.insert();}
void inputarr(){
    int i;
    for(i=0;i<size;i++){
        try{
            System.out.print("请输入第"+(i+1)+"个元素:");
            InputStreamReader isr=new InputStreamReader(System.in);
            BufferedReader br=new BufferedReader(isr);
            data[i]=Integer.parseInt(br.readLine());
            }catch(Exception e){}
        }
    }
    void showdata(){
        int i;
        int j;
        int tmp;
        for(i=1;i<size;i++){
            System.out.print(data[i]+" ");
        }
        System.out.print("\n");
    }
    void insert(){
        int i;
        int j;
        int tmp;
        for(i=1;i<size;i++){
            tmp=data[i];
            j=i-1;
            while(j>=0&&tmp<data[j]){
                data[j+1]=data[j];
                j--;
            }
```

```
                data[j+1]=tmp;
                System.out.print("第"+i+"次扫描:");
                showdata();
            }
        }
    }
```

4. 希尔排序法

希尔排序法是对直接插入排序法的改进。其方法是先将待排记录或者数据分成若干个组,在每个组内进行直接插入排序,然后将划分的组逐步变大直到包含全部数据为止。对于希尔排序的执行时间依赖于增量序列,希尔排序增量序列的选择具有以下共同的特征。

(1) 最后一个增量必须为 1,增量的取值一般不取 2 的倍数或者整数次幂的形式。

(2) 应该尽量避免序列中的值(尤其是相邻的值)互为倍数的情况。

(3) 希尔排序的性能分析过程比较复杂,经过大量实验得出,其时间复杂度为 $O(n^{\frac{3}{2}})$。

例如,以下数组中有 8 个元素,由小到大排序。

6　9　2　3　4　7　5　1

则一开始的间隔设定为 8/2 分隔区。

如此一来可得到 4 个区块,分别是:(6,4)、(9,7)、(2,5)、(3,1)。再各自用插入排序法排序成为:(6,4)、(7,9)、(2,5)、(3,1)。再各自用插入排序法排序成为:(4,6)、(7,9)、(2,5)、(1,3)。

4　7　2　1　6　9　5　3

接着再缩小间隔为(8/2)/2。

4　7　2　1　6　9　5　3

(4,2,6,5)、(7,1,9,3),分别用插入排序法后得到:

2　1　4　3　5　7　6　9

最后再以((8/2)/2)/2 的间隔进行插入排序,也就是每一个元素进行排序得到最后的结果如下。

1　2　3　4　5　6　7　9

希尔法排序法的特点如下。

(1) 任何情况下的时间复杂度均为 $O(n^{\frac{3}{2}})$ 。

(2) 希尔排序法和插入排序法一样,都是稳定排序。

(3) 只需一个额外空间,所以空间复杂度是最佳的。

(4) 此排序法适用于数据大部分都已排序完成的情况。

例 11.5 下面是一个运用希尔排序算法实现数据排序的 Java 语言源程序。请调试程序,得出运行结果。

具体程序如下。

```
import java.io.BufferedReader;
import java.io.InputStreamReader;
public class CH08_05 extends Object {
```

```
int data[]=new int[8];
int size=8;
public static void main(String args[]){
    CH08_05 test=new CH08_05();
    test.inputarr();
    System.out.print("您输入的数组为:");
    test.showdata();
    test.shell();
    }
void inputarr(){
    int i=0;
    for(i=0;i<size;i++){
        System.out.print("请输入第"+(i+1)+"个元素:");
      try{
          InputStreamReader isr=new InputStreamReader(System.in);
          BufferedReader br=new BufferedReader(isr);
          data[i]=Integer.parseInt(br.readLine());
      }catch(Exception e){}
      }
  }
void showdata(){
    int i=0;
    for(i=0;i<size;i++){
    System.out.print(data[i]+" ");
    }
    System.out.print("\n");
  }
void shell(){
    int i;
    int j;
    int k=1;
    int tmp;
    int jmp;
    jmp=size/2;
    while(jmp!=0){
        for(i=jmp;i<size;i++){
            tmp=data[i];
            j=i-jmp;
            while(j>=0 && tmp<data[j]){
                data[j+jmp]=data[j];
                j=j-jmp;
            }
            data[jmp+j]=tmp;
        }
        System.out.print("第"+(k++)+"次排序:");
```

```
            showdata();
            jmp=jmp/2;
        }
    }
}
```

5. 快速排序法

快速排序法又称为分割交换排序法，是目前公认的最佳的排序法。它的原理与冒泡排序法一样，都是用交换的方式，不过它会先在数据中找到一个虚拟的中间值，把小于中间值的数据放在左边，而大于中间值的数据放在右边，再以同样的方式分别处理左右两边的数据，直到完成为止。

假设有 n 个记录 $R_1, R_2, \cdots, R_n, R$，其键值为 k_1, k_2, k_n，快速排序法的步骤如下。

(1) 步骤 1：取 k 为第一个键值。

(2) 步骤 2：由左向右找出一个键值 k_i，使得 $k_i > k$。

(3) 步骤 3：由右向左找出一个键值 k_j 使得 $k_j < k$。

(4) 步骤 4：若 $i < j$ 则 k_i 与 k_j 交换，并继续步骤 2 的执行。

(5) 步骤 5：若 $i \geqslant j$ 则将 k 与 k_j 交换，并以 j 为基准点将数据分为左右两部分，并以递归方式分别对左右两部分进行排序，直至完成排序。

下面具体介绍用快速排序法对下列数据排序的过程。

	R_1	R_2	R_3	R_4	R_5	R_6	R_7	R_8	R_9	R_{10}
	28	6	40	2	63	9	58	16	47	20
$k=28$			i							j

因为 $i < j$，故交换 k_i 与 k_j，然后继续比较：

28	6	20	2	63	9	58	16	47	40
				i			j		

因为 $i < j$，故交换 k_i 与 k_j，然后继续比较：

28	6	20	2	16	9	58	63	47	40
					j	i			

因为 $i \geqslant j$，故交换 k 与 k_j，并以 j 为基准点分割成左右两部分：

[9 6 20 2 16] 28 [58 63 47 40]

由上述这几个步骤，可以将小于键值 k 的数据放在左半部，大于键值 k 的数据放在右半部，依上述排序过程，针对左右两部分分别排序。具体过程如下。

[2 6] 9 [20 16] 28 [58 63 47 40]

2 6 9 [20 16] 28 [58 63 47 40]

2 6 9 16 20 28 [58 63 47 40]

2 6 9 16 20 28 [47 40] 58 [63]

2 6 9 16 20 28 40 47 58 63

快速排序法的特点如下。

(1) 在最快及平均情况下，其时间复杂度为 $O(\log n)$，最坏情况就是每次挑中的中间值不是最大就是最小，其时间复杂度为 $O(n^2)$ 。

（2）快速排序法不是稳定排序法。

（3）在最差的情况下，空间复杂度为 $O(n)$，而最佳情况下的空间复杂度为 $O(\log n)$。

（4）快速排序法是平均运行时间最快的排序法。

例 11.6 下面是一个运用快速排序算法实现数据排序的 Java 语言源程序。请调试程序，得出运行结果。

具体程序如下。

```
import java.io.BufferedReader;
import java.io.InputStreamReader;
import java.util.Random;
public class CH08_06 extends Object{
    int process=0;
    int size;
    int data[]=new int[100];
    public static void main(String args[]){
        CH08_06 test=new CH08_06();
        System.out.print("请输入数组大小(100 以下):");
        try{
            InputStreamReader isr=new InputStreamReader(System.in);
            BufferedReader br=new BufferedReader(isr);
            test.size=Integer.parseInt(br.readLine());
        }catch(Exception e){}
        test.inputarr();
        System.out.print("原始数组是:");
        test.showdata();
        test.quick(test.data,test.size,0,test.size-1);
        System.out.print("\n 排序结果");
        test.showdata();
    }
    void inputarr(){
        Random rand=new Random();
        int i;
        for(i=0;i<size;i++)
        data[i]=(Math.abs(rand.nextInt(99)))+1;}
    void showdata(){
        int i;
        for(i=0;i<size;i++)
            System.out.print(data[i]+" ");
        System.out.print("\n");
    }
    void quick(int d[],int size,int lf,int rg){
        int i,j,tmp;
```

```
        int lf_idx;
        int rg_idx;
        int t;
        if(lf<rg){
            lf_idx=lf+1;
            rg_idx=rg;
            while(true){
                System.out.print("[处理过程"+(process++)+"]=>");
                for(t=0;t<size;t++)
                    System.out.print("["+d[t]+"]");
                System.out.print("\n");
                for(i=lf+1;i<=rg;i++){
                    if(d[i]>=d[lf]){
                        lf_idx=i;
                        break;
                    }
                    lf_idx++;
                }
                for(j=rg;j>=lf+1;j--){
                    if(d[j]<d[lf]){
                    rg_idx=j;
                    break;
                }
                rg_idx--;
            }
            if(lf_idx<rg_idx){
                tmp=d[lf_idx];
                d[lf_idx]=d[rg_idx];
                d[rg_idx]=tmp;
            }else{
                break;
            }
        }
        if(lf_idx>=rg_idx){
            tmp=d[lf];
            d[lf]=d[rg_idx];
            d[rg_idx]=tmp;
            quick(d,size,lf,rg_idx-1);
            quick(d,size,rg_idx+1,rg);
        }
    }
    }
    }
```

6. 堆积排序法

堆积排序法可以认为是对选择排序法的改进，它可以减少在选择排序法中的比较次数，进而减少排序时间。堆积排序法用到了二叉树的技巧，它利用堆积树来完成排序。堆积树是一种特殊的二叉树，可分为最大堆积树和最小堆积树两种。最大堆积树应满足以下三个条件。

① 它是一个完全二叉树。

② 所有结点的值都大于或等于它左右子结点的值。

③ 树根是堆积树中最大的。

而最小堆积树则具备以下三个条件。

①它是一个完全二叉树。

②所有结点的值都小于或等于它左右子结点的值。

③树根是堆积树中最小的。

下面利用堆积排序法对 34、19、40、14、57、17、4、43 进行排序，具体步骤如下。

(1) 步骤 1：按图 11.1 所示的数字顺序建立完全二叉树。

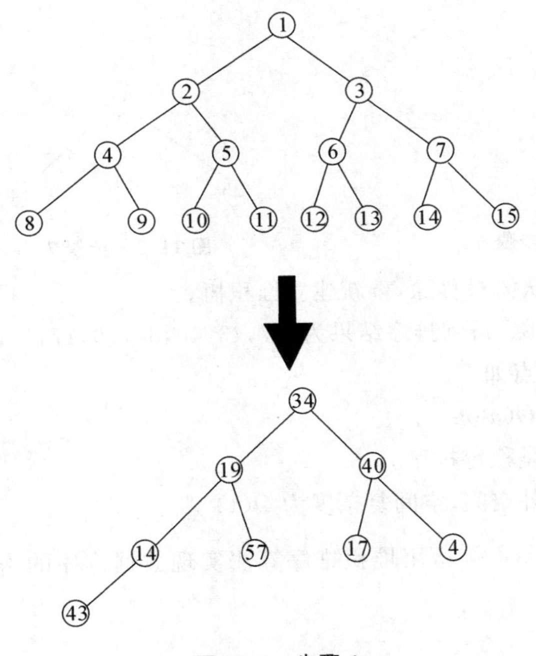

图 11.1　步骤 1

(2) 步骤 2：建立堆积树，如图 11.2 所示。

(3) 步骤 3：将 57 从树根移除，重新建立堆积树，如图 11.3 所示。

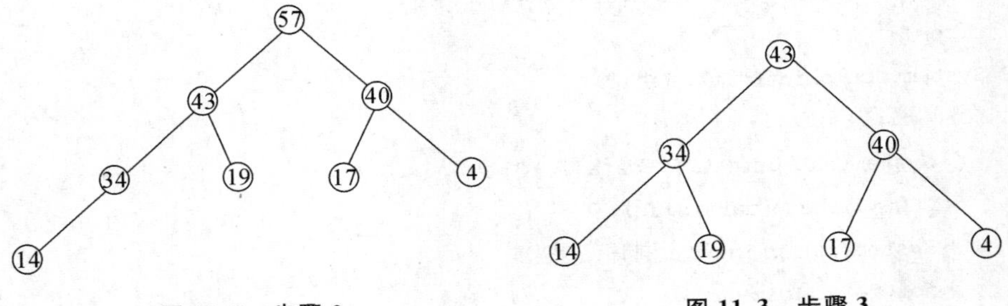

图 11.2　步骤 2　　　　**图 11.3　步骤 3**

(4) 步骤 4:将 43 从树根移除,重新建立堆积树,如图 11.4 所示。

(5) 步骤 5:将 40 从树根移除,重新建立堆积树,如图 11.5 所示。

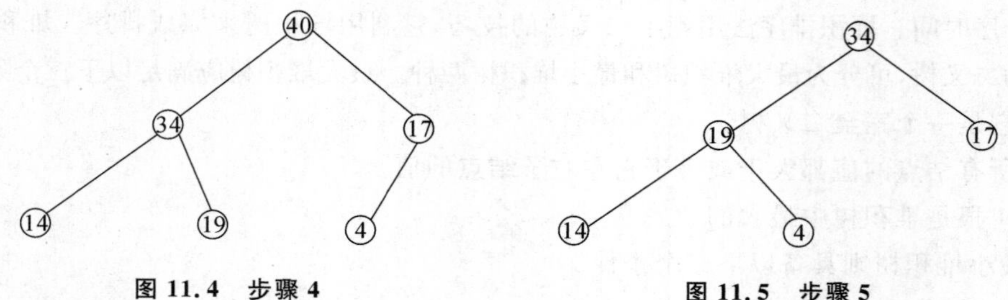

图 11.4　步骤 4　　　　图 11.5　步骤 5

(6) 步骤 6:将 34 从树根移除,重新建立堆积树,如图 11.6 所示。

(7) 步骤 7:将 19 从树根移除,重新建立堆积树,如图 11.7 所示。

(8) 步骤 8:将 17 从树根移除,重新建立堆积树,如图 11.8 所示。

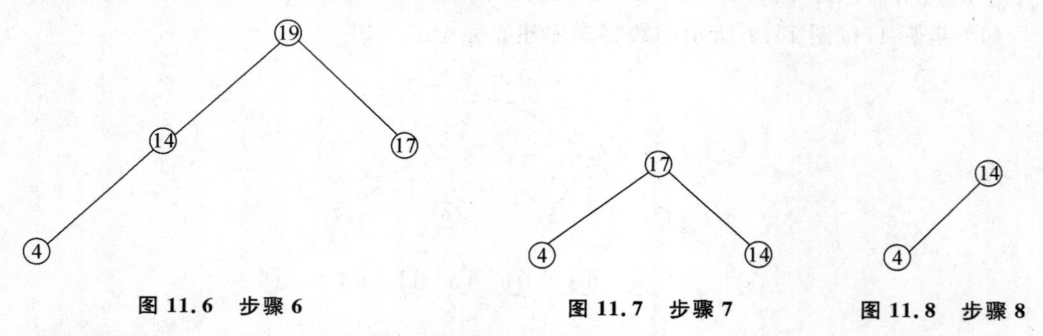

图 11.6　步骤 6　　　　图 11.7　步骤 7　　　　图 11.8　步骤 8

(9) 步骤 9:将 14 从树根移除,重新建立堆积树。

最后将 4 从树根移除,得到排序结果为:57,43,40,34,19,17,14,4。

堆积法排序法的特点如下。

(1) 时间复杂度为 $O(n\log n)$。

(2) 堆积排序法不是稳定排序。

(3) 只需要一个额外空间,空间复杂度为 $O(1)$ 。

例 11.7　下面是一个运用堆积排序算法实现数据排序的 Java 语言源程序。请调试程序,得出运行结果。

具体程序如下。

```
import java.io.IOException;
public class CH08_07 {
public void  main(String args[]) throws IOException{
    int i,size,data[]={0,5,6,4,8,3,2,7,1};
    size=9;
    System.out.print("原始数组:");
    for(i=1;i<size;i++){
        System.out.print("["+data[i]+"]");
        CH08_07.heap(data,size);
        System.out.print("\n 排序结果");
        for(i=1;i<size;i++)
```

```
            System.out.print("["+data[i]+"]");
        System.out.print("\n");
    }
}
private static void heap(int[] data,int size) {
    // TODO Auto-generated method stub
    int i,j,tmp;
    for(i=(size/2);i>0;i--)
    CH08_07.ad_heap(data,i,size-1);
    System.out.print("\n堆积内容:");
    for(i=1;i<size;i++)
    System.out.print("["+data[i]+"]");
    System.out.print("\n");
    for(i=size-2;i>0;i--){
    tmp=data[i+1];
    data[i+1]=data[1];
    data[1]=tmp;
    CH08_07.ad_heap(data,1,i);
    System.out.print("\n处理过程:");
    for(j=1;j<size;j++)
        System.out.print("["+data[j]+"]");
    }
}
public static void ad_heap(int data[],int i,int size){
    int j,tmp,post;
    j=2*i;
    tmp=data[i];
    post=0;
    while(j<size && post==0){
        if(j<size){
            if(data[j]<data[j])
                j++;
        }
        if(tmp>=data[j])
            post=1;
        else{
            data[j/2]=data[j];
            j=2*j;
        }
    }
    data[j/2]=tmp;
}
}
```

任务 3 外部排序法

当我们所要排序的数据量太多或文件太大，无法直接在内存内排序，而需依赖外部存储设备时，我们就会使用到外部排序法。外部存储设备按照访问方式可分为两种，即顺序访问和随机访问。

要顺序访问的文件就像表一样，我们必须事先遍历整个表才有办法进行排序，而随机访问的文件就像是数组，数据访问很方便，所以相对的排序也会比顺序访问快一些。一般来说，外部排序法最常使用的就是合并排序法，它适用于顺序访问的文件。

直接合并排序法(direct merge sort)是外部存储设备最常用的排序方法，其具体步骤如下。

(1) 步骤 1：将要排序的文件分为几个大小可以加载到内存空间的小文件，再使用内部排序法将各文件内的数据排序。

(2) 步骤 2：将第一步所建立的小文件每两个合并成一个文件。两两合并后，把所有文件合开成一个文件后就可以完成排序了。

外部排序基本上由两个相对独立的阶段组成。首先，按可用内存大小，将外存上含 n 个记录的文件分成若干个长度为 1 的子文件或段(segment)，依次读入内存并利用有效的内部排序方法对它们进行排序，并将排序后得到的有序子文件重新写入外存，通常称这些有序子文件为归并段或顺串(run)；然后，对这些归并段进行逐趟归并，使归并段(有序的子文件)逐渐由小至大，直至得到整个有序文件为止。

一般情况下，外部排序所需总的时间＝内部排序(产生初始归并段)所需的时间 $m\times t_{IS}$ ＋外部信息读写的时间 $d\times t_{IO}$＋内部归并所需的时间 $s\times ut_{mg}$. 其中：t_{IS}是为得到一个初始归并段进行内部排序所需时间的均值；t_{IO}是进行一次外存读/写时间的均值；ut_{mg}是对 u 个记录进行内部归并所需时间。其中，m 为经过内部排序之后得到的初始归并段的个数；s 为归并的趟数；d 为总的读/写次数。

习题11

一、填空题

1. 对 n 个记录的表 r[1…n]进行简单选择排序，所需进行的关键字间的比较次数为________。

2. 如果待排序序列中两个数据元素具有相同的值，在排序前后它们的相互位置发生颠倒，则称该排序算法是不稳定的，比如：________排序算法就是不稳定排序。

二、选择题

1. 下面给出的四种排序方法中，排序过程中的比较次数与排序方法无关的是(　　)。

A. 选择排序法　　B. 插入排序法　　C. 快速排序法　　D. 堆积排序法

2. 对一组数据(84,47,25,15,21) 排序，数据的排列次序在排序的过程中的变化为：(1) 844725 1521；(2) 1547 25 8421；(3) 1521 258447；(4) 1521 2547 84。则采用的是(　　)排序。

A. 选择排序　　B. 冒泡排序　　C. 快速排序　　D. 插入排序

3. 在下面的排序方法中，辅助空间复杂度为 $O(n)$ 的是（　　）。

A. 希尔排序　　B. 堆排序　　C. 选择排序　　D. 归并排序

4. 下列排序算法中，在待排序数据已有序时，花费时间反而最多的是（　　）排序。

A. 冒泡　　B. 希尔　　C. 快速　　D. 堆积

5. 下列排序算法中，在每一趟都能选出一个元素放到其最终位置上，并且其时间性能受数据初始特性影响的是（　　）

A. 直接插入　　B. 快速　　C. 直接选择　　D. 堆排序

6. 就平均性能而言，目前最好的内排序方法是（　　）排序法

A. 冒泡　　B. 希尔　　C. 交换　　D. 快速

7. 在序列局部有序或序列长度较小情况下，最佳内部排序法（　　）。

A. 直接插入　　B. 冒泡　　C. 简单选择　　D. 归并

三、判断题

（　　）1. 内排序要求数据一定要以顺序方式存储。

（　　）2. 排序算法中的比较次数与初始元素序列的排列无关。

（　　）3. 排序的稳定性是指排序算法中的比较次数保持不变，且算法能够终止。

（　　）4. 直接选择排序算法在最好情况下的时间复杂度为 $O(n)$。

（　　）5. 在待排数据基本有序的情况下，快速排序效果最好。

（　　）6. 堆肯定是一棵平衡二叉树。

四、应用题

1. 有一随机数组(25,84,21,46,13,27,68,35,20)，现采用某种方法对它们进行排序，其每趟排序结果如下，则该排序方法是什么？

初始：25,84,21,46,13,27,68,35,20。

第一趟：20,13,21,25,46,27,68,35,84。

第二趟：13,20,21,25,35,27,46,68,84。

第三趟：13,20,21,25,27,35,46,68,84。

2. 全国有 10000 人参加物理竞赛，只录取成绩优异的前 10 名，并将他们从高分到低分输出。而对落选的其他考生，不需排出名次，问此种情况下，用何种排序方法速度最快？为什么？

3. 请写出应填入下列叙述中（　　）内的正确答案。

排序有各种方法，如插入排序、快速排序、堆积排序等。

设数组中原有数据如下：15,13,20,18,12,60。下面是一组由不同排序方法进行一遍排序后的结果。

（　　）排序的结果为：12,13,15,18,20,60。

（　　）排序的结果为：13,15,18,12,20,60。

（　　）排序的结果为：13,15,20,18,12,50。

（　　）排序的结果为：12,13,20,18,15,60。

项目12 综合实训

【总体要求】

（1）完成至少一个实习实训项目，最终上交程序源代码及实习实训与课程设计报告。

（2）综合实训的目的是强化动手能力的培养，并考查学生对技术细节和知识的掌握程度。

（3）实训主要采用 eclipse 作为实验/开发平台，一方面增强学生对理论学习的理解，另一方面也培养了学生的实际能力，为其以后走向工作岗位奠定坚实的基础。

【相关知识点】

（1）本书涉及的所有知识点。

“数据结构”是一门实践性较强的课程。为了学好这门课程，必须在掌握理论知识的同时，加强上机实践，实习实训的目的就是要达到理论与实际应用相结合，提高学生组织数据及编写大型程序的能力，并培养基本的、良好的程序设计技能以及团队合作能力。

实习实训中要求综合运用所学知识，上机解决一些与实际应用结合紧密的、规模较大的问题，通过分析、设计、编码、调试等各环节的训练，使学生深刻理解并牢固掌握数据结构和算法设计技术、掌握分析、解决实际问题的能力。

通过实习实训，要求学生在数据结构的逻辑特性和物理表示、数据结构的选择和应用、算法的设计及其实现等方面，加深对课程基本内容的理解。同时，在程序设计方法以及上机操作等基本技能和职业素质方面，学生将受到比较系统和严格的训练。

学生档案管理系统

1. 实训说明

建立一个学生档案管理系统，利用查找来实现相关操作。根据给定的某个值，在查找表（已经排好序）中确定一个其关键字等于给定值的记录或数据元素。若表中存在这样一个记录，如果查找成功，此时查找的结果为给出整个记录的信息，或指示该记录在查找表中的位置，若表中不存在关键字等于给定值的记录，则查找不成功。查找算法有多种，各有优缺点。

2. 程序分析

本题目使用顺序查找，从数组最后一个元素开始查找，直到找到待查找元素的位置，查找到结果为止。

3. 程序源代码

```
import java.util. * ;
public class Main {
String[] N=newString[100];
String] I-new String100];
int[] A=new int[100];
String[] Ss=new string[100];
String[] Z=newString [100];
int[] C=new int[100];
int[] M=new int[100];
int[] E=new int[100];
int i;
public class  person{
      Scanner src=new   Scanner (System.in);
      String[]  name=new String[100];
      String[] id=new string[100];
      int[] age=new int [100];
      String[] sex=new String[100];
}
public void caidan(){
    System.out.println ("欢迎登录学生档案管理系统");
    System.out.println("1-录入学生信息");
    System.out.println("2-查询所有学生信息");
    System.out.println( * 3--修改某位学生信息");
    System.out.println("4-删除某位学生信息");
    System.out.println("5-增加某位学生信息");
    System.out.println("6-查询某位学生信息");
    System.out.println("7-退出");}
public void luru() {
    xuesheng guanli1=new xuesheng();
      guanli1.luru();}
public void chaxun() {
    xuesheng guanli1=new xuesheng();
    guanlil.chaxun();}
public void zengjia() {
    xuesheng guanlil-new xuesheng();
    guanlil.zengjia();
}
```

```
        public void shanchu() {
          xuesheng guanli1=new xuesheng();
          guanlil.shanchu();}
          public void xiugai () {
          xuesheng guanli1=new xuesheng();
          guanli1.xiugai ();}
        public void chaxun1 () {
          xuesheng guanli1=new xuesheng();
          guanlil.chaxunl ();}
        public void denglu() {
          Scanner src=new Scanner (System.in);
          int s;
          String q;
          System.out.println ("请先登录系统");
              System.out.println("1-学生登录  2-教师登录");
              s=src.nextInt();
              if(s==1) {
              System.out.println("请输入密码：(xuesheng)");
              q=src.next();
              if(q.equals ("xuesheng"))
              {zhixing();
                  }else
                  {System.out.println("请确认后重新登录!!!");
                  denglu();}
                }
                else
                {if(s==2)
                {system.out.printIn("请输入密码：(jiaoshi)");
                q=src.next();
                if lq.equals ("jiaoshi"){
                    zhixing();}
            else
                {System.out.println ("请确认后重新登录!");
            denglu();}
          }
          }
        }
    public void zhixing(){
        Scanner src=new Scanner (System.in);
        Main guanli=new Main();
        int m=0;
        int t=0;
        while (m!=4) {
```

```
      switch(t)
      {
      case 0:guanli.caidan ();
      System.out.println ("请输入相应编号完成操作: ");t=src.nextInt ();break;
      case 1:guanli.luru();guanli.caidan();
    System.out.println ("请输入相应编号完成操作: ");t=src.nextInt ();break;
      case 2:guanli,chaxun 0 iguanli.caidan();
    System.out.println ("请输入相应编号完成操作: ");t=src.nextInt ();break;
      case 3:guanli.xiugai ();guanli.caidan();
    System.out.println ("请输入相应编号完成操作: ");t=src.nextInt();break;;
      case 4:guanli.shanchu 0;guanli.caidan();
    System.out.Println ("请输入相应编号完成操作: ");t=src.nextInt ();break;
      case 5:guanli.zengjia ();guanli.caidan();
    system.out.println ("请输入相应编号完成操作: ");t=src.nextInt();ibreak;
      case   6:guanli.chaxun1();guanli.caidan();
    System.out.Println("请输入相应编号完成操作: ");t=src.nextInt();break;
      case 7 :m=4;}
  }
  }
public class xuesheng extends   person{
    private String[]   zybj=new strin[100];
    private int[] chinese=new int[100];
      private int[] math=new int[100];
      Private int[] english=new int[100];
      public void luru(){
        int r;
      Ssystem.out println("请输入原始学生人数: ");
        r=src.nextInt();
        i=r;
      for(int t=0;t<i;t++){
      System.out.println("请输入学生姓名: ");
      N[t]=name [t]=src.next();
      System.out.println ("请输入学生学号: ");
      I[t]=id [t]=src.next();
      System.out.println("请输入学生性别: ");
      S[t]=sex[t]=src.next();
      Sys tem.out.println("请输入学生年龄: ");
      A[t]=age [t]=src.nextInt();
      System.out.println("请输入学生专业班级: ");
      Z[t]=zybj[t]=src.next();
      System.out.println("语文成绩: ");
      C[t]=chinese [t]=src.nextInt ();
      System.out.println("数学成绩: ");
```

```
        M[t]=math[t]=src.nextInt();
        System.out.println("英语成绩：");
          E[t]=english[t]=src.nextInt();}
            }
    public void zengjia(){
      int f;i=i+1;f=i-1;
    System.out.println("请输入学生姓名：");N[f]=name[f]=src.next();
    system.out.println("请输入学生学号：");I[f]=idlf]=src.next ();
    system.out.println("请输入学生性别：");S[f]=sex[f]=src.next ();
    System.out.println("请输入学生年龄：");A[f]=age[f]=src.nextInt();
 System.out.println("请输入学生专业班级：");Z[f]=zybj [f]-src.next();
  System.out.println("语文成绩：");Clf]=chinese[f]=src.nextInt();
  System.out.println("数学成绩：");M[f]=math[f]=src.nextInt();
  System.out.println("英语成绩：");E[f]=english[f]=src.nextInt();
public void shanchu(){
   String m;
   int s;
   system.out.println("请输入您要删除的学生的学号：");m=src.next();
   for (s=0;s<i;s++) {
   if (m.equals(I[s])){
       for(;s<i;s++){
           N[s]=N[s+1];name[ ]=name[s+1];I[s]=I[s+1];id[s]=id[s+1];S[s]=S[s+1];
sex[s]=sex[s+1];A[s]=A[s+1];age[s]=age[s+1];z[s]=z[s+1];zybj[s]=zybj[s+1];
       C[s]=C[s+1].;chinese[s]=chinese[s+1]; :M[s]==M[s+1];math[s]=math[s+1];
    E[s]=E[s+1];english[s]=english[s+1];}
      i=i-1;}
    }
    System.out.printin("操作成功");}
  public void chaxun1{
        string m;
        int s;
        System.out..println("请输入您要查询的学生的学号：");
        m=src.next();
    for(s=0;s<i;s++){
        if (m.equals(I[s])){
    system.out.print ("学生学号："+I[s]);
    system.out.print("学生姓名："+N[s]);
    system.out.Print ("学生性别："+S[s]);
    system.out.Print ("学生年龄"+A[s]);
    system.out.print ("学生专业班级："+Z[s]);
    System.out.print ("语文成绩："+CIsl);
    system.out.print ("数学成绩："+M[s]);
    system.out.p.printin("英语成绩："+E[s]);
```

```
        sytem.ot.println( * 操作成功!");}
            }
          }
        public void xiugail{
          String n;int s;
          system.out.println("请输入您要修改的学生的学号:");
          n=src.next();
          for (s=0;s<i;s++){
            if (n.equals(I[s]))
            {
            System.out.println("请输入学生姓名:");
            N[s]=name[s]=src.next ();
            System.out.println("请输入学生学号:");
            I[s]-id[s]=src.next();
            System.out.println("请输入学生性别:");
            S[s]=sex[s]=src.next();
            System.out,println("请输入学生年龄:");
            A[s]=age [s]=src.nextInt ();
            System.out.println ("请输入学生专业班级:");
            Z[s]=zybj [s]=src.next();
            System.out.println("语文成绩:");
            C[s]=chinese [s]=src.nextInt();
            System.out.println("数学成绩:");
            M[s]=math[s]=src.nextInt ();
            System.out.println("英语成绩:");
            E[s]=english[s]-src.nextInt (); }
            system.out.printin("操作成功!");
        }
    }
  Public static void main(string[] azgs){
            Main guanli=new  Main();
            guanli.denglul;
    }
  }
```

[1] 朱振元,朱承,刘聆.数据结构教程——JAVA语言描述[M].西安:西安电子科技大学出版社,2007.

[2] 罗福强,杨剑,刘英.数据结构(JAVA语言描述)[M].北京:人民邮电出版社,2016.

[3] 胡昭民.图解数据结构——使用JAVA[M].北京:清华大学出版社,2015.

[4] 库波,曹静.数据结构(Java语言描述)[M].2版.北京:北京理工大学出版社,2016.

[5] 唐懿芳,钟达夫,林萍.数据结构与算法——C语言和JAVA语言描述[M].北京:清华大学出版社,2017.